U0043531

建築美學的春天

一個城市設計家50年的實踐與追求

黃南淵 口述

台灣建築美學文化經濟協會 整編・撰文　財團法人台灣文創發展基金會 文創加值

如果，建築的價值是在行銷一種有魅力的生活；
如果，生命的意義是在推動一個向美好不斷前進的社會；
那麼，若用一生的熱情，
去探索具有時代精神的建築美學世界，以及
可以讓人喜樂滿懷的創意品質，
我相信，美麗的玫瑰，必將盛開在你我眼前……

 阿賢 攝影

導讀／另一種事業

嚴格說來，我們看到的建築只是花朵與草木，他營造的卻是讓這些花草茁長盛放的環境。

漢寶德

接到南淵兄的信，他要出書了。以他的輝煌經歷，總結服務社會幾十年的經驗，為建築界的後生們留些寶貴的參考資料，是絕對值得期待的。我很高興有機會在他的文前寫幾句話。

老實說，他口述的這本書多少出乎我的意料之外。他的一生事業都在政府擔任重要職務。他的貢獻我也多有耳聞，但沒有想到幾十年的公務員生涯竟沒有磨掉他對建築的熱誠與期望，甚至比起我這個一直在建築界打滾的人還要執著，還要信心十足。使我一面讀，一面感到慚愧。真的，我以為他早就是一個在官場裡培養出的硬漢，強於折騰於權勢之間，不再有夢想了。我自許是一個長於做夢的人，誰知道他比我更勝十分呢！我做夢，自知是無法實現的，只能學古人寫寫書，發發牢騷，他因身居官位，卻能設法使之實現，雖未盡如他的理想，至少比起純發牢騷要精采得多了。說到這裡，我開始羨慕他了。

南淵兄與我誼屬同窗，但我們只同班一年。我因病休學兩年，所以再回到建築系的時候，他已經是四年級的學長，我們之間相知不深。後來只聽說他考取高考，去做官了。在那個時代，建築系的畢業生考高考，目的是取得建築師執照，以便開業，發揮所學。所以在那幾年，有幾位成績很好的同學選擇公務員的途徑，我們當然就認為他們對建築業務沒有興趣，才以建築管理為終身事業。建築在本質上是一種藝術，從事建築創作卻有種種實務上的滯礙，難有發揮空間。所以有不少建築系的畢業生不願走這條坎坷的正道，選擇較平穩的途徑，也是可以理解的。

可是看了這本書才知道南淵兄走這條路是胸懷大志，要借官方的力量來改造台灣的現況。這是我沒有看到的。我生來對政府沒有信心，與很多人一樣，覺得做官不是專業。所以我畢業考取高考，老師們介紹我進入政府，我完全不予考慮。然而今天想想，他的看法是正確的。大部份的事業是為了個人的成就，另一種事業是為社會建立發展專業的環境。政府的工作正屬於後者。他處心積慮的想完成的事，是幫助國內的建築師建構充分發揮的空間。

南淵兄為建築界做的事，包括建築法規的現代化，都市發展的合理架構，其歷程在本書中都有動人的說明。這些成就對建築界來說，都是無形的力量，你不覺得它們的存在，卻是建築成長的根本。我們今天看到的，日益成長的台北市，生氣蓬勃的信義新都心，世界聞名的一〇一大樓，都是在這樣的土壤中生成的產物。嚴格說來，我們看到的建築只是花朵與草木，沒有適當的環境是不會產生的。

這本書名為「建築美學的春天」，實在太貼切了。默默的為建築的園地耕耘的南淵兄，及從事政府建築管理工作的先生們，他們所努力的，是為建築的成長茁壯，經營一個萬物蓬勃生長的「春天」。「美學」兩個字指出他所關注的重心。他把建築的首要任務視為環境美學的締造，可以說深得我心，我們倆只是在不同的領域努力而已，其實是有志一同的。

希望這本書的出版可以鼓勵新一代從事政府營建管理的青年，持續努力在環境美學的途徑上為我國開闢坦途，在今天日漸國際化的世界上，擺脫醜陋、雜亂的惡名，可以在文明進步的國家中，抬頭挺胸，贏得應有的尊重，則國家幸甚，建築界幸甚。

中華民國一百年元旦前夕

漢寶德，知名建築師與建築學者，曾任東海大學建築系主任、國立自然科學博物館館長、國立台南藝術大學校長、世界宗教博物館館長等，現為世界宗教博物館榮譽館長。

自序／

意志，決定一切！

我出生台南縣素樸的鄉村，與大部分以辛苦勞力為生的農民一樣，從小對所謂「桌上米飯粒粒皆辛苦」一語有特別深刻的感受，自然養成勤儉樸實的性格。雖然搬到台北居住已將近半世紀，卻從未改變我的生活習慣。加上受到「人生乃無休止的奮鬥」家訓，以及父母「勤勞務實」身教的影響，從小學一年級開始就一直保持第一名的榮譽到畢業。而且，一直到大學畢業的求學過程，成長在鄉下又是長子的我，幾乎是靠自己早熟的覺悟與奮鬥意志，自修而成，從未進過任何補習班。

不移的決定

信心，扭轉了我一生的命運

本來，每一個人都有自己的人生選擇與不同際遇。也許會有人把一切的成就歸諸於命運的安排，也有人會認為「意志力與人生觀」才是駕馭人生價值觀的重要因素。一九五二年我從台南高工畢業，參加就業考試錄取後，本來可以分發到台灣省政府建設廳工作，但就在同一年，我也考上了成功大學建築系。當時，在我的家鄉（台南縣新市鄉）裡，算是知識分子的王鄉長竟然對家父勸說，省建設廳的工作得來不易，應該選擇就業，放棄再升大學，理由是大學四年後，恐怕難以再進入建設廳。非常幸運的是，家父讓我自己決定，就在那個幾乎是沒有任何人可以請教的社會背景下，自己決定了升學一途。

這是一生中影響我最為重大的一件事，也是改變我一生命運最重要的關鍵。

在當時的情況下，何以有此決心做成一件影響自己命運的選擇？也許是一種信心使然吧！

從此之後，在人生的旅途上，我不斷經歷同樣的過程，不知不覺塑造出一個「意志力決定一切」的人生。一九七三年我參加考試院最高一級的甲等考試，當時的主考官是工程界的老前輩凌鴻勛先生（中央研究院院士，交大在台復校後第一任校長）。進行口試時，他問我參加考試的目的何在，記得我是這樣回答的：「做為一個公務員，每個人都有自己的工作目標，能夠達成目標的一個重要因素是，必須有辦法把自己置身在一個適當的職位上，有一定的權限可以展現自己的抱負，而取得甲等考試的資格，是擔任這個職位的一種條件。」當時，凌院士即告予「祝福你的願望能達成」。

那一年，我是唯一考取建築工程類並以最優等的成績及格錄取的人，取得這一項可以擔任

甲等考試　政府晉用公務人員，一般徵才考試有高等考試（簡稱高考）、普通考試（簡稱普考）及初等考試（簡稱初考）三類。但為了因應特殊性質機關需要，以及照顧身心障礙者、原住民族就業權益時，會比照高、普、初考，另外舉辦徵才考試，是為「公務人員特種考試」，簡稱「特考」。早年分為甲乙丙丁四個等級，甲等特考是最高的層級，通過就可取得簡任第十職等的任用資格，但現在已經停辦（乙、丙、丁特考改稱三、四、五等特考，繼續辦理）。

簡任主管的資格，讓我的人生志願有了進一步推展的可能，在第二年（一九七四年）四月即奉派就任台北市政府工務局建築管理處處長。

不改的堅持

應該擔起一項提升國土建設品質的責任

相信對每一個懷有信心與熱忱做事的人而言，意志力就像生命力之泉源般，成為推動你往前衝且永不會停止的澎湃浪潮。我在一九六七年到日本研修住宅及新市鎮建設三個月，才了解真正優質的社區生活環境計畫新思維的出發點，受到的衝擊很大，啟發我開始研究建築計畫與建築法令的關係。所以，從一九六九年起就開始同時在大學兼任教職，教授營建法規，又擔任審查建照的主管工作，在理論與實務兼具的經驗下，我才有信心代表建築學會，接下行政院經建會所委辦的任務，草擬我國建築技術規則「設計施工編」的內容（在民國六三年二月公布實施）。也因此才能在就任建管處長之後，在剛過「四十而不惑」的那一年，即能較有自信地提出革新建管方案付諸實施。

一九八〇年，我又到美國研修土地使用分區管制計畫三個月，其間走遍美國人口較多的大城市，讓我感到相當驚訝的是，面對面與政府機關的計畫部門主管，以及民間團體推動市中心發展計畫的執行長等人討論地區發展計畫方向時，我們彼此的觀念竟然相當一致，解開了我心中的一些疑惑，回國寫了一份報告，經林洋港市長批示登在市政刊物上，也從此建立了可以展望未來的信心。

回顧自己一生的工作與閱歷，如同在印證台灣的建築與都市發展，歷歷在目。尤其在退休前，於內政部營建署工作的四年期間，從勉勵同仁發揮中央營建行政主管機關的指導功能，到主動制定我國第一部營建政策白皮書等，更是竭盡所能的，完成了不下十種可以說影響我國國土計畫與城鄉建設最重要的法規（都市更新條例、營造業法、公寓大廈管理條例、建築法、都市計畫法及區域計畫法重要條文之修訂、國土綜合發展計畫法、海岸法等或已公布實施或送到立法院審議），想到它們對提升國土建設、城鄉環境及建築品質必能產生的正面影響，就相當令人期待。

如今，回憶過去服務公職期間，在決策過程中克服來自各方壓力與困難所堅持的原則、所建立的目標導向，能讓地方政府與相關機關的計畫品質有所改進，算是盡了自己的一份理想與心願；同時也為盡到我們這一代人「應該擔當一項階段性提升國土建設品質」的責任，而稍感告慰。

不變的角色

我以當一輩子的建築人為榮

我學建築又喜歡建築，也以當一輩子建築人為榮。因為，建築是一門以「創造」為導向的

簡任　我國公務人員是按照「官等」及「職等」而任用。職等用數字分級，從一到十四，數字越高，職等就越高；職等越高，官等也越高，第一到第五職等者是「委任」，第六到第九職等是「薦任」，第十到第十四職等是「簡任」。換句話說，簡任，就是中華民國最高的官等。

工作，富挑戰性，我認為從事建築是一項甚具意義的人生志業。

從公職退休時已六十五歲，原本以為自己的仗已打完，但由於對建築的熱情未曾稍減，退休後即擔任有助於提升建築水準的台灣建築中心評審會主任委員達六年，其間並擔任營建署委辦的推動都市更新總顧問主持人，優良綠建築甄選委員會召集人以及民間所推動的許多評鑑活動，例如：國家建築金質獎與金石獎、國家卓越建設獎等活動委員會的評審總召集人或主任委員等，也才能在已過「從心所欲而不逾矩」的大半之年，再挑戰自己與有志一同的友人共同發起推動「建築美學經濟計畫」。

有感於在一九九七年營建署長任內提出「城鄉景觀風貌改造運動」實施計畫，引起全國三一九鄉鎮市之熱烈響應，當時創造的行動口號「具有文化、綠意、美質的新家園」如今已成為城市建設的一項新方向指標。眼見營建署十年來的努力已展現成效，顯示國人之視野已大為張開，乃在志同道合的建築同業先進及友人在在鼓勵與期盼下，於二〇〇八年七月接下中華民國不動產協進會理事長職務，隨即提出「建築美學的新價值觀與評鑑體系」的主張，渴盼有助於建構今後我國建築發展之主軸方向，成為一種可以更積極地突破現狀的力量，建立共同的價值觀。期待能與全國建築界一起來迎接廿一世紀講求美學經濟與低碳社會時代的來臨，至盼能夠逐漸形塑、展現我國的建築文化特色，並與世界先進國家的建築水準同步齊驅發展。

不停的腳步

直到建築美學經濟大夢成真的那一天

在我的公務生涯裡，影響我保持樂觀以赴、積極任事的動力者，其一，也許是一句古老的話「人在官衙好修行」，是因為在政府機關做事，才有更多的機會服務社會，增進公益的事。其二，是因為我對如何促進社會的進步有很大的期待。五十多年前的一部電影《紐倫堡大審》告訴世人，一個官員處在一種極端危險的情況下，仍可以做出大愛的良心之舉，解救人類生命的抉擇。這一部描寫審判第二次世界大戰德國戰犯的辯論戲中，當檢察官控訴當時負責執行毒殺無數猶太人的德國司法部長時，這位有良心的部長說出一段令人不敢相信的話：「我之所以留在希特勒政權下當部長，是因為我是一位有人性的人，我藉由部長的權限與能力所及範圍，延緩可即刻執行殺人的程序與步驟，因此我反倒救了很多人倖免被殺。」這是一段發人深省的故事。所以，儘管我國的民主政治體制尚有待改進：民意代表常常以聲色俱厲的口氣問政，即使官員以「不亢不卑」的態度回應作政策辯護，亦無法避免無端受辱的感覺。說明仍有人願意去體驗修行者的意志，推動社會的進步，創造未來的一絲希望。

《紐倫堡大審》 Judgment at Nuremberg，美國電影。史丹利克藍瑪（Stanley Kramer）導演，史賓塞屈塞（Spencer Tracy）、畢蘭卡斯特（Burt Lancaster）、李察威麥（Richard Widmark）、麥斯米倫雪兒（Maximilian Schell）主演。以一九四八年美英蘇三強指定法官，組成國際軍事法庭，在德國紐倫堡公開審判納粹戰犯為背景，鋪寫「法」與「人」之間的糾葛。在一九六一年的奧斯卡大獎上入圍十一項，並抱走最佳男主角（麥斯米倫雪兒）及最佳改編劇本獎，是當年非常轟動的電影。

現今，進步的意義，已經不僅止於以經濟成長、個人所得數字做為評斷，「生活品質與文化水準」已被許多社會學家視為重要指標，也就是內在外在要同步提升。以我的專業背景，自然就是關心都市整體環境品質而言。如果從市容景觀之乾淨度與秩序、空間品質之和諧度、人行空間之安全度、社區環境之安寧程度等標準來與歐美先進國家相比，說台灣尚屬一個落後的國家，亦不為過。究竟該如何跨越落後國家的藩籬，是我始終無法忘懷的事。

雖然，每一個人能貢獻給社會的力量非常有限，但「聚沙成塔」是自古名言；所謂人生有限，希望無窮，且有夢最美；我期待推動建築美學經濟的美夢一定會有成真的一天，從公職退休後，也一直未停止腳步，所以，我才能不再猶豫的把理想「推動建築美學經濟的理念與實踐」，透過自述將之付梓傳承。衷心盼望與有緣的讀者，一起敲響建築美學旋律優美的鐘聲，展望「建築美學的春天」。

二〇一〇・十二

CONTENTS

導讀 另一種事業 4

自序 意志，決定一切！ 8

不移的決定 信心，扭轉了我一生的命運

不改的堅持 應該擔起一項提升國土建設品質的責任

不變的角色 我以當一輩子的建築人為榮

不停的腳步 直到建築美學經濟大夢成真的那一天

前言 時代．價值．我的夢 22

開始 建築追求的價值，從「真善美」開始

現在 真善美就是人文、科技、藝術

明天 台灣建築需要什麼樣的新價值？

我的夢 在歌曲與傳說都緘默時，台灣還聳立著精采的建築

第一章 啟蒙開竅 28

好環境 美，就在果園中的土塊厝啟蒙了

好師父 父親，就是他一輩子的老師

好天份 天生就會畫畫，早早埋下學建築的種籽

好驚豔 原來，這才是建築！

好志氣 就業放兩旁，把深造擺中間

好領悟 從兩本跟建築無關的書，發現最深沉的人性底蘊

第二章 選定志業 40

就業大抉擇 他選了人煙最稀、理想性格最高的那一條路

公職初體驗 不放過任何環節，零距離與工人打成一片

時勢造英雄 乘著經濟起飛的翅膀，夜以繼日投入建築設計

赴日開眼界 抓住研究機會，接軌國際建築潮流

第三章 扎好根基 52

制度 國家進步的動力

人性 建築思維的起始

連結 建築價值的核心

互動 優質社會的推手

行動，即將展開

第四章 寶劍出鞘 64

重編法規 重新編寫《建築技術規則》，影響深遠

整頓騎樓 為行人營造無障無礙的平坦路面

堅拒關說 為了給行道樹空間，不惜以前途捍衛

公益為先 「服務」跟「保護」，是政府的唯二功能

不計毀譽 為求動線順暢，不畏「圖利他人」的質疑

借鏡日本 公共建設要有長期累積，功效才會呈現

擇善固執 公務人員要有自己的使命感，堅持做對的事情

第五章 美化城鄉 76

西門町化零為整 獅子林廣場更有價值了
雙子星聳立站前 可惜未竟全功
副都心落腳信義 尋找最適街廓與規模
給空間容積獎勵 設計更自由，公共空間也增加
幫航管鬆綁高度 日後才有一〇一大樓的出現
館前路改徒步區 寬闊的園林步道從車站直通新公園
成立都市設計科 為改善與治理建築死角找專責窗口
提出營建白皮書 把國家營建政策藍圖與願景說清楚
活用規範與法規 用「參與式審議」提高決策品質
勤孵育工地主任 訓練出萬名以上的工地品管生力軍
新風貌創造城鄉 深化台灣的在地競爭力

第六章 樹立標竿 92

定義 一個具有美學的空間環境，必須……
勾畫 從建築的四個面向，看美學的完整圖像
尋根 建築美學經濟的磐石就是——人
溯源 建築美學經濟的起源就在——生活
創造 超過十五個台積電盈餘總和的經濟價值
重點項目 公共空間、開放空間與景觀品質

必要條件 建築美學的根基，從「機能美學」開始
更上層樓 用「人文意涵」超越機能美學
典範的轉移 從「區位至上」到「美學至上」
指標的演替 從「真善美」發展到「健康、環保、永續」
明日新希望 我們也能擁有自己的托斯卡尼
美麗新世界 從「產業的大國」走向「生活的大國」

第七章 **傾力實踐** 132
一份美麗挑戰 如何擺出更好姿態，吸引全球資源？
四組量體實踐 努力孕育具有建築美學的城市
一個終極標靶 把未來的競爭，定位為全球城市競爭

第八章 **勾勒願景** 174
建築人美夢何在？ 留下一棟最美的房屋在台灣
好地段不是一切 地段的價值是建商創造的嗎？不是！
國際化價值更高 台灣，可以生產出良好的城市硬體！
學東京創造多贏 看看中城是怎麼創大價、賺大錢的
好建築永續百年 你的貢獻比總統還要大，因為……

第九章 遇見美學 184

取經 破解東京中城的建築美學經濟密碼

檢視 為台灣的建築美學經濟探尋出路

對策 用「建築美學經濟」創立新價值

第十章 體現美好 200

一句極致形容——優雅 行為優雅、空間優雅

一套評鑑體系——好宅 更人性、更有生命力

後記 《建築美學的春天》出版的出發點 210

前言／
時代・價值・我的夢

「建築就像一本打開的書，從中你能看到一座城市的抱負。」
——芬蘭裔美籍建築師埃羅・沙里寧（*Eero Saarinen*）

口述完畢，團隊夥伴的撰寫工作幾近完成，伏案收尾時偶然眼望窗外，總讓我想起當年一張張藍圖上，從雲間沁潤屋內的那道曙光。寫完這一篇前言，這本記錄我心中抱負的書終將付梓；陪伴台灣建築的成長之路，我用自己的人生並肩走了六十年，行過一甲子寒暑，我開始問自己：透過這本書，我想要傳遞的價值到底是什麼？

開始

建築追求的價值，從「真善美」開始

華裔建築大師貝聿銘在幾十年前的一句名言給了我答案。他說：「建築有生命，它雖然是凝固的，可是其上卻蘊含著人文思想。」這樣的人文思想，我知道，就是我輩建築人心力以赴，一生追求的集體價值。

如果建築是一本打開的書，綜觀以世界為時空經緯的建築史，我們所追求的價值到底是什麼？從過去到現在，我們看見的，是同樣的建築美學，不同的時代意義。

打開台灣建築的扉頁，在過去，社會以「真善美」來形容任何物像的完美境界，這也成為台灣建築啟蒙時，所追求的最初價值。隨後，現代建築運動興起，「形隨機能」的審美標準出現，時代意義開始了變化，建築追求的價值從真善美開始擴充，進入與每個人息息相關，感性的層面。

現在

真善美就是人文、科技、藝術

美國建築大師萊特的一句名言，為現代主義的建築價值定了調，也把台灣建築這本大書，翻到了吾人現在所著墨的這一頁。他說：「建築，是用結構來表達『思想』的『科學』性『藝術』」（中西相映，貝聿銘把「人文」加在「思想」前面）。直至如今，台灣建築界用以形容建築作品的現代化優秀品質，可用「人文」「科技」與「藝術」三個構面涵括全部。就我來看，「人文」「科技」「藝術」這三個構面，不是推翻了過去所追求的建築價值；

貝聿銘　美籍華人建築師，建築界最高獎譽「普利茲克獎」一九八三年得主。被譽為「現代主義建築的最後大師」（the last master of high modernist architecture）。貝聿銘善用鋼材、混凝土、玻璃與石材，風格上被歸類為現代主義建築。法國巴黎羅浮宮擴建工程、美國華盛頓特區國家藝廊東廂、中國蘇州博物館、日本美秀（Miho）美術館、香港中國銀行大廈等都是膾炙人口的名作。為台灣設計的作品包括一九七〇年日本萬國博覽會中華民國館、東海大學路思義教堂等。

萊特　Frank Lloyd Wright，美國建築師，生於一八六七年，卒於一九五九年。建築師生涯長達七十年，作品無論在質或量上都非常驚人，影響整個美國建築的進程甚鉅；與柯比意（Le Corbusier）、密斯（Ludwig Mies van der Rohe）、葛羅培斯（Walter Gropius）並稱為「現代建築四大師」。代表傑作包括落水山莊、紐約古根漢美術館、東京帝國飯店等，不可勝數。

而是對於「真善美」的傳統意涵，以時代精神做了新詮釋，因此踏入了一個新意境。

如果說「安全、堅固、實用、美觀」是「真善美」的建築基本內涵，那麼透過「人文」「科技」「藝術」來詮釋，就可以讓我們一窺新意境的堂奧。例如現代「科技」的進步，以更環保的建築材料，佐以更智慧化、更具效率、更具動態的空間結構，活化了建築的「真」價值；而「人文」則用更人性化、更多樣化、更具故事性與自明性等元素，深化了傳統的「善」價值；而「藝術」，則以更豐富、更具創意的表現手法，（加入了時間向度的）四度空間思維，動態的造形藝術，以及更精緻的工法，展現出生動、優雅、喜悅的生命力，多元化了建築之「美」，價值自此豐富繽紛。

明天
台灣建築需要什麼樣的新價值？

另一位大師密斯在他一九三〇年的著作《構築》（Bauen）書中，有一句話對我有如暮鼓晨鐘。他說：「我們必須設定新的價值，固定我們的終極目標，以便我們可以建立標準。對於任何時代（包括這個新的時代）來說，都需要給『精神』一個存在的機會。」他認為建築是一種精神活動，透過他的作品，這一點貫穿他的一生。如果他的一生也是一本書的話，他所設定的「新價值」，將會是這本傳記最好的註腳。

我們所居住的台灣，地狹人稠，建築的高密度發展行之有年；不可諱言的，許多建物甚至無法提供一個基本的健康居住環境，更遑論心靈層面的生活品質。與先進國家相比，我們不但欠缺和諧的社區發展計畫，對於如何走出自己的文化特色也並無共識。

遠眺過巴黎、紐約、東京的天際線，台灣建築的明天，需要何種新價值？身為建築人，密斯的這句話催促著我們：現在，該是翻向下一頁的時候了。

我的夢

在歌曲與傳說都緘默時，台灣還聳立著精采的建築

面對明日的生活，除了前述的價值訴求之外，下一步應該更重視未來生活形態的變化、新的需求、時代意義，以及價值觀。因此我所看見的未來，應該更專注於「生活的」「健康的」「環保的」「具有地區文化特色」，以及「國際化、多樣化功能」五項主題，做為新價值——建築美學經濟所追求的目標。

那麼，要如何為新價值固定目標、建立標準呢？從二〇〇九年起，我推動「建築美學經濟

密斯　Ludwig Mies van der Rohe，德國建築師，「現代建築四大師」之一，一八八六年生於德國亞琛（Aachen），一九六九年卒於美國芝加哥。密斯用自己一生的實踐，奠定了明確的現代主義建築風格，並影響了好幾代的現代建築師和設計師，美國作家湯姆沃爾夫（Tom Wolfe）曾在他的長文《從包浩斯到現在》中說密斯「改變了世界都會三分之一的天際線」，反映出密斯對世界建築的重要與影響。一九二八年的名言「少就是多」（Less is more）可謂震古鑠今。代表作包括一九二九年巴塞隆納萬國博覽會德國館、一九三〇年捷克波爾諾（Brno）的圖根哈特別墅（Villa Tugendhat）等。

計畫」，與專家學者共商評鑑標準，與有志一同的建築人一起向著更高的建築水準而付出努力。

俄國大文豪果戈里有句名言：「建築是世界的年鑑，當歌曲與傳說已經緘默，它依舊在訴說。」對於台灣的建築，我胸中始終有一股「讓它能放在世界年鑑裡」的豪情。因此雖然已過伏櫪之年，但是我仍然為了建築美學經濟——這個新價值的理想而志在千里。寄望未來，在歌曲與傳說都緘默的時候，台灣能聳立起被世界讚嘆的建築，精采地訴說我輩建築人的抱負。

果戈里 Nikolai Vasilievich Gogol-Yanovski，俄羅斯作家，一八〇九年生於現在的烏克蘭，一八五二年逝世。俄國現實主義文學的奠基人之一，也是「自然派」的創始人。一八三六年發表諷刺喜劇《欽差大臣》，使俄國喜劇藝術發生了重大轉折。一八四二年出版長篇小說《死魂靈》，成為俄羅斯文學走向獨創性和民族性的重要標誌。整個十九世紀四〇年代也因此被稱為「果戈里時期」。《欽差大臣》還曾在一九九六年改編成歌仔戲，以同名在台灣上演（河洛歌子戲團演出），並獲得一九九九年金鐘獎最佳傳統戲曲節目獎。

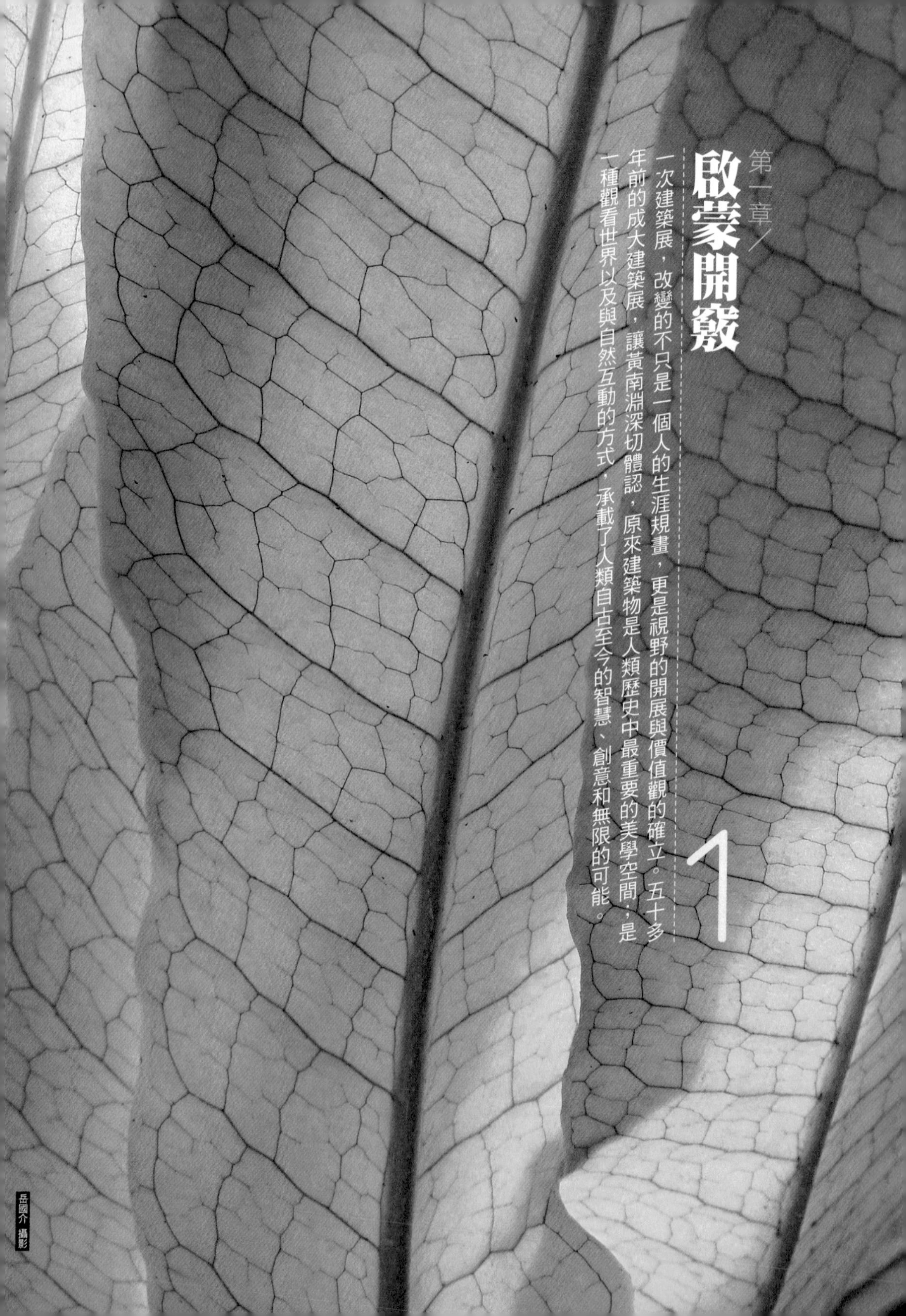

第一章／啟蒙開竅

1

一次建築展，改變的不只是一個人的生涯規畫，更是視野的開展與價值觀的確立。五十多年前的成大建築展，讓黃南淵深切體認，原來建築物是人類歷史中最重要的美學空間，是一種觀看世界以及與自然互動的方式，承載了人類自古至今的智慧、創意和無限的可能。

岳國介 攝影

一九三三年，日本統治下的台灣，台南縣新市庄，一個典型的南部鄉村。阡陌縱橫的溝圳旁，窄小的田埂，將稻田分成大小不等的塊狀，再遠一些，是幾間台灣中南部常見的「竹造土塊厝」坐落在田與田之間。微風徐徐的清朗鄉間，空氣中散發著淡淡的青草香甜，時間似乎也靜止在這畫般的空間中。

這樣的時空環境，黃南淵在此出生、成長。

好環境

美，就在果園中的土塊厝啟蒙了

那是一個以農業為經濟主體，連水電都未普及的時代，絕大部分的人仍然過著日出而作、日落而息的農耕生活。平均教育程度不高，能夠識字，或者唸過「公學校」（約莫等於今日小學畢業的學歷），在鄉間就相當受人敬重。

在那樣的時代，經濟發展是緩慢的，加上二次世界大戰爆發，教育、文化、金融、商業的發展，幾乎都因此被迫停滯，「時尚」「美學」「品味」，在當時根本就是稀有名詞。也因為這樣的低度發展，讓人的生活極其簡單純樸，貼近大地，得以慢活的節奏聆聽四季轉換的韻律。

大自然是美的源頭，也是美學的最佳啟蒙者，所以，儘管幼年時期沒有接受正統美學教育的機會，但擁有如此貼近自然的環境，黃南淵長時間潤浸其中，不知不覺的開啟了對於土地、建築與美學的觸覺。

那時候的新市庄，更準確一點地說，台灣大部分的住宅，也是極其簡單，與自然、與鄰居之間都彼此聲息相聞。

「竹造土塊厝」是當時最常見的房舍類型之一，就地取材，同時配合台灣的亞熱帶氣候，用泥巴做成土塊，以泥漿黏合、相疊成牆，用木頭做為梁柱。至於屋頂，則會先用木頭或竹子架出方格狀的支架，用石灰和磚瓦片蓋屋頂。再簡單一些的，甚至有人直接用稻草覆蓋，質輕而涼快。

還有一種「竹筒仔厝」也很常見，用台灣特產的麻竹做柱子、橫梁，竹筒劈成片狀，編織成牆架後再塗上石灰。

這兩種房舍，直到二次世界大戰之後，在台灣鄉間都還相當常見。由於當時人口密度低，生活步調也不似現代社會快速，因此，對於建築物的要求並不高。無論是「竹造土塊厝」或「竹筒仔厝」，通常就在自家的田地邊蓋起，有廳堂、灶腳加上睡房，還有穀倉或放置工具的雜物間，就地圍成一個簡單的三合院形式，已經算是相當有規模的家庭生活空間。

竹造土塊厝和竹筒仔厝早年台灣農村常見的房舍，黃南淵出生時期的新市庄，大部分的房子應該也都是這種模樣。

莊永明 提供

葉倉焜 攝影

黃家屋前種蓮霧、芒果等當地品種果樹，屋後是芭蕉，當台灣夏日常見的午後雷陣雨驟然而至，啪啦一陣打在寬大厚實的芭蕉葉上，雖不像李清照詞「早也瀟瀟，晚也瀟瀟」的婉約浪漫，倒是多了些大氣豪爽，正如台灣的民土風情一般。

果樹環繞的竹造土塊厝，冬暖夏涼，自在踏實。如同彼時生活，沒有太多的複雜，春耕夏耘秋收冬藏，隨著大地俯仰作息。甚至於，「垃圾倒在香蕉園，廚餘則來養豬鴨。」黃南淵回憶七十年前的台灣，如果套句現代時興的話，絕對是非常「節能減碳」的綠色環保生活。

好師父

父親，就是他一輩子的老師

不過，雖然每天看到的是無數的田埂、圳溝、農田和簡樸房舍，每日生活也如同所有人一樣規律、簡單，但黃南淵的家庭環境，卻使他和他同年的玩伴們有些不同。其中關鍵在於他的父親——黃石川先生。

黃石川，是當時鄉間稱為「先生」的知識分子，他懂得讀寫漢文，還曾經在私塾授課，也因著有知識，所以他申請了販售西藥的執照，也就是俗稱的「藥牌」，開設起在鄉間並不多見的西藥房。

因為經營藥房生意，黃南淵的家庭環境相對豐足。在二次大戰停課之前，排行家中老大的

一九七八年祖孫三代合影，圖中即黃石川先生。

他，上學揹真皮背包，用最好的文具。不只是生活不虞匱乏，父親對於家中的七個孩子也有很高的期望。

「他常常告訴我們，人生是無休止的奮鬥，這句話對我們兄弟的人生觀影響相當大。」黃南淵還記得，父親會告訴他們：「不學無術。」因此，黃家的四個兒子在小學時都是班上的第一名，黃南淵的二弟暉理、三弟宣範後來還留學美國，取得馬里蘭大學物理學及俄亥俄大學語言學博士學位，二人均回國任教台灣大學直到退休。

然而，大環境的動盪終於還是波及了黃家。就在黃南淵小學三年級時，他的父親被調去當軍伕。於是，西藥房無人經營，只好賣掉「藥牌」，媽媽帶著四男三女，務農以暫時餬口。一九四五年，日本投降，第二次世界大戰結束，黃石川也平安回到故鄉，家中轉而務農。農務耕作當然比經營西藥房辛苦，但是黃南淵眼中看到的父親，卻仍然是勤奮上進，不畏辛苦，「當時，父親荷著鋤頭的背影，讓我感受良深。」因此，黃南淵更加努力，而他在課業上面的表現，不僅讓父母引以為榮，更成為弟妹們的模範。

因受到父親黃石川先生身教潛移默化的影響，黃南淵的兩個兒子志遠及經堯，同樣都知所奮發，分別獲得美國史丹佛大學工程與經濟學雙碩士，以及羅格斯大學電機工程學博士學位。一人自行創業，一人任教於交通大學，對於工作同樣兢兢業業、勤奮上進，傳承黃家三代以來不變的人生觀。

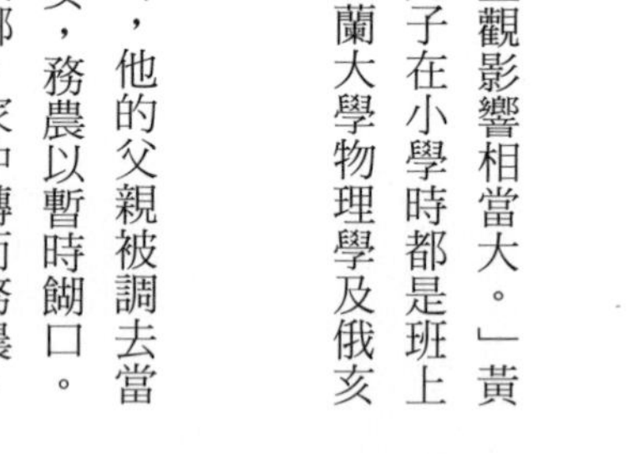

黃南淵是新市國小第一屆的優等生，可惜現在已經找不到當年的畢業紀念冊，這是第廿九屆的。

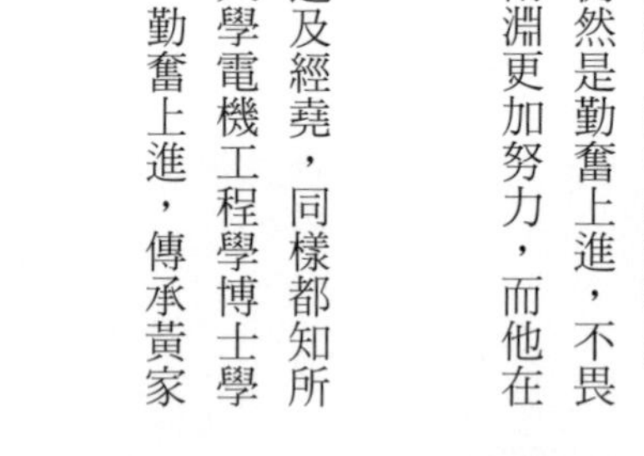

大學畢業與青年時代的黃南淵。

好天份

天生就會畫畫，早早埋下學建築的種籽

鄉下學校競爭不是很激烈，再加上戰爭時期學校經常停課，所以，等到正式復課時，黃南淵已經是國小六年級了。從前在家講閩南語、在學校講日語的環境，也因為台灣重返中國懷抱而有極大的轉變，不但學校裡面的老師換了人，連日語都換成了「國語」。

對於從沒學過國語的孩子來說，注音符號、四聲、捲舌音，一切都得從頭學起，如果再碰上鄉音很重，甚至自己都還不太會唸ㄅㄆㄇ的老師，學習更是難上加難。然而，對於認真的黃南淵來說，他相當輕易地跨過了這些困難，「我一直記得，全班只有你一個舉手知道正確答案，那樣的感覺。」

黃南淵不只功課好，書法、美術、體育樣樣都喜歡，特別是「好像天生就會畫畫一樣。」他記得自己的美術成績一直很好，而這也埋下了日後選擇唸建築系的種籽。

一九四六年三月，台灣光復第二年，黃南淵以全校第一名的成績，從新市國小畢業，是光復後的第一屆國小畢業生。但是，或許鄉下學校的孩子不擅長考試，在尚未實施九年國民教育的年代，整個新市國小，都沒有人考上第一志願台南一中（初中），就連黃南淵，也只考取南英商職（初商）。

一九七一年黃南淵四兄弟合影，右起三弟黃宣範、二弟黃暉理、黃南淵、四弟鄭仁傑。

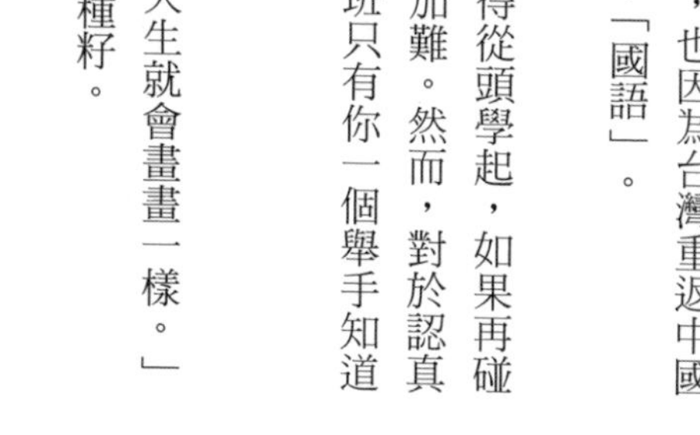

二〇〇六年黃南淵全家福。兩個兒子都知所奮發，各有成就。

不過，這樣的「挫折」並沒有影響黃南淵的態度，他更加努力讀書，不停地自修、摸索，終於在初中畢業後，考上當時技職體系的第一名校——台南高工。

進入台南高工建築科，是黃南淵進入建築領域的起點，也決定了未來與台灣建築之發展息息相關的人生道路。

台南高工的訓練相當扎實，對於學生的課業要求也高於一般。黃南淵說，高一時，幾乎就把所有的基礎數學課程都唸完，高二時就開始學微積分，在當時，微積分是大學才會教的課程。課業嚴格的程度，可見一斑，而學生的努力用功，當然也遠勝同儕之上。

好驚豔

原來，這才是建築！

然而，初窺建築技藝之美的黃南淵，卻不以此為滿足。在一九五一年的一次建築展中，更加堅定了他追尋更高層次建築藝術的決心，也使他擁有比其他人更開闊的視野，得以領導潮流之先。

這個關鍵展覽，是成功大學建築系一年一度的建築設計展。浸淫在建築世界已有一段時間、很會繪畫的黃南淵，看到成大建築系的參展作品之後，如同看到另外一個開闊的世界：還不到十八歲的他發現，原來在高工所受的教育，注重的是建築細部的技術問題，而大學的

林芳怡 攝影

堅持繼續升學，進入成大建築系，是黃南淵一生最重要的決定。

建築養成教育，則把重點放在建築空間的機能及建築藝術的表現上。

這次的展覽讓他體會到，無論技術再如何精進，建築最重要的是宏觀的思維：建築物不只是水泥磚牆結構計算的問題，而是人類歷史中最重要的美學空間，一種觀看世界以及與自然互動的方式。其中涵蓋了邏輯精密計算的理性，也有創意不斷的感性對話；它承載了歷史的智慧，也開啟了未來的可能。全面地觀照了歷史、理論、藝術、自然環境、科技、設計、工程各個層面。讓他了解到：原來，這才是建築啊！

好志氣

就業放兩旁，把深造擺中間

「創造建築藝術，是一種對人性永恆的尊重」成為黃南淵的座右銘，也是六十餘年來，驅使他不斷努力、創新的動力。一九五二年高工畢業時，黃南淵同時考上國家考試以及成大建築系，算是一件轟動鄰里的大喜事。當年能夠考上大學，已經相當不容易，全鄉只有二人考取，至於國家考試及格後分發到建設廳，更是得之不易，等於獲得終生職業的保障。

所以，左鄰右舍都建議應該先當公務員，甚至連鄉長都前來遊說，認為應該直接進建設廳工作，因為「就算大學畢業，也不見得能夠考進去啊！」

但是，黃南淵心意已決，堅持要進入成大建築系，那個他心嚮往之的學術殿堂，一窺建築藝術堂奧。對於理想的堅持，他的父親理解也尊重，所以，黃南淵終於如願進入成大建築系。

好領悟

從兩本跟建築無關的書，發現最深沉的人性底蘊

成大建築系四年當中，黃南淵優遊於自己最喜歡的環境中，如魚得水。不僅結識許多擁有相同理想的朋友，中、日、英俱佳的語言能力，也讓他得以閱讀許多書籍，「在這四年中，所交的朋友、所閱讀的書籍，都深深影響我的未來。」黃南淵還記得，其中有兩本書《人間的條件》《修養》對他產生極大的啟迪。

這兩本書都是日文小說，《人間的條件》內容主要描述主角憑藉一己之力，獨自反對政府不當政策（發動戰爭）的過程。黃南淵從其中看到了「雖千萬人吾往矣」的堅持，和「知其不可為而為之」的勇氣，這樣的毅力，對於社會先驅者而言，絕對是推動社會進步不可或缺的力量。

至於《修養》，則是談到人與人之間情感的細膩與深邃。故事從醫生宣布男主角得了不治之症開始，他的妻子竟未留下一句，離他而去；令人意外的是，三個月後，妻子又回到他的身邊，男主角卻令人意外地存活了廿年。

在這段漫長的時間中，兩個人從未提起妻子在聞訊離開後的三個月之間做了什麼，男主角沒有問原因，也不曾說出自己的感受，似乎一切都未曾發生過，淹沒在時間長流中。

直到最後，男主角才知道，原來他的妻子因為害怕無法承擔這樣的悲傷，於是回到娘家沉澱起伏的情緒，直到確定自己足夠堅強地去承擔接踵而來的離別、死亡，才回到男主角身邊，陪伴他度過生命最後的旅程。這樣情緒的轉折，二人竟因深情的對彼此顧念，而未曾提及。

這兩本書，看似與建築專業沒有直接相關，實質上，卻涵蓋建築最需要的人性底蘊。

無論是科技、建築或藝術，都是為了滿足人性的需求。特別是建築，必須滿足人們生命中各個不同層面的需求，如果依照馬斯洛的心理層級，建築幾乎涵括了生理需求、安全感、歸屬感、愛，以迄於自我實現，無一不包。所以，一個有心的建築人，必須對於人性、人

《人間的條件》　日本作家五味川純平的暢銷長篇小說。一九五五年發表，發行超過一千三百萬本。故事描述反對日本軍國主義的男主角阿梶，在太平洋戰爭期間，為實踐人道主義理想而抗爭終生的故事。他先是輾轉被委派至中國東北負責督管中國煤礦工人，然後被迫加入日本皇軍，繼而落入俄羅斯為戰俘。戰爭的殘忍、人民的煎熬以及軍國主義者的麻木，讓他在痛苦中探索存在意義之時，亦表現了生之為人的最根本狀態。中譯本出版甚早，一九九三年再由遠景出版社重新發行，共分三冊，目前已經絕版，但接受個別訂製。名導演小林正樹亦曾改編成三部曲電影，也成為戰爭電影的經典。

《修養》　日本大思想家新渡戶稻造繼《武士道》之後的傳世巨著。一九一一年出版，到今年正好一百年，從明治末到昭和初期，曾經再版一四八次之多，堪稱日本百年暢銷長青書。中文只有簡體版，由大陸的中央編譯出版社在二〇〇九年出版。新渡戶稻造是和福澤諭吉、夏目漱石並稱的思想文化先驅、舊版五千日圓鈔票上的肖像人物，也是東京女子大學的創立者。《修養》雖然是一本勵志書，卻用了許多故事來鋪陳，包括了令黃南淵深受啟發的情節。

馬斯洛的心理層級　馬斯洛（Abraham Maslow），美國心理學家，生於一九〇八年，卒於一九七〇年，需求層次理論（Need-hierarchy theory）是他最為世人熟悉的經典。馬斯洛理論認為人類有一些與生俱來的基本需要，依次由較低層次推展到較高層次。第一層是生理的需要；第二層是安全；第三層是社交；第四層是尊重；第五層則是自我實現的需要。

新渡戶稻造作品《修養》二〇〇二年版書封，たちばな出版社印行。

情都有深切的思考與體認。

《人間的條件》《修養》這兩本書，對於黃南淵來說，像是汲引出生命中活潑的水泉一般，讓他體會並感受「以人為本」，使得他感受到人性最深入的細膩、溫柔與韌性，不斷迴盪，直至今日。

吸收知識、蘊納人本精神、持續思想，在大學四年中，黃南淵大量地累積與建築藝術相關的知識。如同每棟建築物都需要的穩固地基一般，他的人生，也在此時定下根基，預備好向上建造、累積經驗。

葉滄焜 攝影

2

第二章／

選定志業

「熱情」，來自於建築設計過程中不間斷地創造、不間斷地找尋貼近人性的建築空間、不間斷地對社會產生影響，這種持續努力、發掘各種創意與可能的過程，讓他深深著迷。

大學畢業，又是黃南淵人生中另一次重要的抉擇。

民國四〇年代，大學生可說是鳳毛麟角，特別是二次大戰之後，國民政府遷到台灣，在百廢待舉的時期，唸建築、懂工程的大學畢業生，更是炙手可熱。

就業大抉擇

他選了人煙最稀、理想性格最高的那一條路

面對就業之路，黃南淵有許多選擇。其一，進入建築師事務所，從事建築設計的工作，這條路是許多人的選擇。通常，年輕人進入建築師事務所工作幾年，考取建築師執照後，就會自立門戶，無論是收入、社會名望都相當令人稱羨。

其二，黃南淵也可以進入營造廠，往施工方面發展。在那樣的時代中，無論是公共工程或私人住宅的興建，都正是蓄勢待發的時期，未來的發展，當然也令人看好。今天台灣的大型企業集團，有許多都是當時靠著營造工程起家，而打造出傲人的成就。

另外，黃南淵當然也可以考慮進入政府單位，成為公務員。在大學畢業之前，黃南淵已經考取普考，大學一畢業，也考取了國家高等考試。但是，服務公職對於很多人來說，或許是一輩子不愁吃穿的「鐵飯碗」。不過，如果是有理想、有熱情的人，放棄了民間企業寬闊的發展天空，進入國家公務體制中，往往並不能發揮自己的才華，似乎總是有遺憾。

然而，理想性格濃厚的黃南淵，對於人生未來的路徑，卻有著不同的看法。

從個人的角度出發，從事建築設計或營造工程都大有可為，優渥的薪資，生活絕對不成問題。但是他所思考的是，如何藉由自己所思所學，對社會人群產生影響，以加速社會的進步，建立共同的價值觀，提升城鄉建設的品質與水準，形塑重視公共資產的文化。

「期待改變」的理想主義因子在他的血液中奔騰。他很清楚地了解，除了個人溫飽之外，他期待能夠改變當時髒、擠、亂的都市景觀，使每個家庭都可以住在健康、優美的環境中；要達成這樣的理想，都必須從制度層面著手。

於是，黃南淵決定走入一條看似人煙稀少的路，正式成為國家公務員。

公職初體驗

不放過每一個工程環節，零距離與工人打成一片

在相關訓練結束之後，黃南淵的公務員之路，從省政府設立的營建處正式開始。他的第一個工作，是負責建造中興新村的八棟單身宿舍。

雖說是監工，但所有測量、填土工程都必須自己來。這個階段，正如每棟建築物必須有地基工程一樣，同樣地也為他的建築之路奠定厚實的基礎。

工地的工作粗重，監工的責任更是不能掉以輕心，從一九五七到一九六二年這五年中，除了監工，他在中興新村總共設計了三百四十棟房子，不只要熟悉監工的方法與技術，更必須徹底了解工地的各種問題，以及找出最合適的解決方法。

「我每天確實地寫監工日報，做統計，絕不應付。」黃南淵認真地從工作中吸收實務經驗，「從挖土、填土，到灌水泥，每一個步驟我都親自計算，因為我要以實際經驗印證估價書的正確性。」

當時重機械不發達，連混凝土都必須用手工攪拌，工人的辛苦自不在話下，因此，除了確保建築品質和工地安全的監工主責，還要與三教九流的工人有良好的互動，這種「能文能武」的訓練，對於年輕的黃南淵來說，也是艱苦的挑戰。

雖然辛苦，黃南淵從來沒有忘記自己對於建築規畫設計的熱情。白天監工，晚上住在工寮裡，還參加公共工程局第一次的國宅競圖比賽，獲得佳作；還有一次，參加高雄市議會的競圖，雖然沒有入選，但是無論得獎與否、也無論白天工作有多辛苦，都不曾減弱他對於建築設計的熱情。

熱情，來自於建築設計過程中不間斷地創造、不間斷地找尋貼近人性的建築空間、不間斷地對社會產生影響，這種持續努力、發掘各種創意與可能的過程，讓他深深著迷。

擔任監工五年，黃南淵在累積了一定經驗後，跳脫每天指揮現場工人、處理工人各種狀況的常態工作，自動請調到國宅處。

國宅處，其實是公共工程局的設計單位，只要是由台灣省政府補助的國宅，都由國宅處負責行政督導，還要負責設計農村的示範住宅。就在這個時期，國宅的設計準則由政府相關單位編撰完成，這樣的準則不只適用於國宅，也成為當時住宅設計的基本原則。

時勢造英雄

乘著經濟起飛的翅膀，夜以繼日投入建築設計

一九五三年，民國四十二年，朝鮮半島上簽訂停戰協議，以北緯三八度線做為南北韓井水不犯河水的分界，因為這場戰役，中華民國重新被美國納入太平洋防禦體系，不再是國際上無依無靠的孤島。

中美共同防禦條約維持了短暫幾年的平靜，一九五八年，金門爆發「八二三炮戰」，再度引起國際關注。這一戰是兩岸最後一場武裝戰爭，不僅確認美國協助防守台灣海峽的必要，也決定兩岸的政治界線。

一九六五年，美國在國內外反彈的聲浪中介入越戰，新加坡自馬來西亞聯邦獨立出來，台灣兩岸敵對的狀態呈現膠著，整體而言，世界局勢仍然動盪。不過，台灣在台中、高雄等

地設置加工出口區，一步一步地，開始有計畫地引進外商投資和伴隨而來的工業技術，積極吸取世界先進國家的經驗，預備邁入經濟起飛的黃金年代。

政治、經濟、貿易、文化各種層面，都不斷地變化，從新奇、接觸、衝突、理解、接納，直到融合出另一種文化的樣貌，這樣的過程，在台灣這個島嶼上不停的進行著。

環境的轉變，人們對於居住的需求不斷提升，而一個社會對於人性價值的重視與否，透過建築物的設計，就可以一目了然。

從這個角度來看，台灣社會約自一九六〇年代，才逐漸注重人與建築空間的互動，對於建築品味的認識也初探、萌芽。台北市第一期的示範國宅在敦化南路開始興建，黃南淵從中興新村調回台北，即受派擔任該工程監造職務。

當時參與台灣建築發展的前輩們，除了理想之外，還有著堅強的決心和認真嚴謹的執行力。「執行力」不只是把自己公務員分內的工作完成，黃南淵兒時在鄉間生活中培養的勤奮性格，讓他夜以繼日地付出心力，執著於建築設計的理想。

每天下班吃過飯、散步運動，八點整，就坐到書桌前開始兼差的工作——設計，成了他生活的步驟。這是維持創意、保持進步的方法，利用每天晚上三個小時，黃南淵在自己的書桌前，設計出不少學校的教室、禮堂。回憶當時的心境，他說：「那時候抬頭，看到窗外

一九六〇年代貿易興盛、經濟起飛，對於建築品味的認識也初探、萌芽。

對面人家窗口透出來的燈光與傳出的麻將聲，心裡就會想，我現在的努力，對於未來，應該會和他們不一樣吧？」

赴日開眼界

抓住研究機會，接軌國際建築潮流

這樣的生活過了五年，黃南淵的勤奮，讓他終於獲得特別的機會。一九六七年，已經擔任公務員十年的黃南淵，透過中日交流計畫（OTCA, Overseas Technical Cooperation Agency），由省政府派到日本研究預鑄房屋。三個月的日本之行，是他生命另一個重要的轉捩點，能夠有機會與國際建築潮流接軌。

在亞洲，日本的建築水準領先各國，無論在結構工法或建築設計，甚至空間元素思考、都市規畫，從微觀到宏觀，從建築本體到概念發想，遠遠領先其他國家，自然也就成為亟欲迎頭趕上的後進者的最佳學習對象。

因為預鑄房屋屬於結構範圍，原本就不是黃南淵興趣的焦點，所以他到日本除了參加既定的研討會，還特別利用這個難得的出國機會，前往東京帝國大學旁聽一個月，從學院課程獲取最新的知識。

看到新市鎮計畫的人性空間尺度

同時，由於當時日本已經展開新市鎮建設計畫，大阪千里新市鎮已經完成大部分，黃南淵請求安排拜訪日本的企畫廳，詳細了解整個新市鎮的規畫理由，同時實地探勘重建成果。

近兩年來，位於六本木的東京中城（Tokyo Midtown）成為全球視覺的焦點，無論在設計感、創意與執行，都展現出無與倫比的細緻與品味。實際上，早在四十年前，日本對於建築物的重視，執行程序的細膩嚴謹，政府的行政效率，就已讓黃南淵耳目一新，促使他回國之後，更積極投入在建築制度面的創新與改革。

例如人口密度，黃南淵和日本新市鎮的總規畫師詳談，發現他們新市鎮計畫中規畫的人口密度，一公頃不到一百人，這是日本覺得最適合居住的人口密度。反觀台灣，以台北市為例，雖然平均人口密度大約是一百人，然而，台北市大約有一半的土地列為保護區，例如陽明山國家公園上面，幾乎沒有人居住。所以換算起來，絕大部分的人口都集中在不到一半的土地上面，其實，居住環境還是不夠理想。特別是，黃南淵日後深入研究台北市的人口密度，他發現粗密度每公頃二百五十人是一個界限，如果超過這個界限，人們就會感覺環境過於

千里新市鎮　一九六〇年代，日本經濟急速成長。年輕的一代大量湧入都市地區，尋找定居及成家立業的機會，住宅供給因此嚴重不足，成為中央與地方政府的重要課題。一九六二年，日本政府開始在大阪北郊千里山附近籌畫興建第一個新市鎮（New-Town），並在十年之間建設完成，面積約三千公頃，計畫人口廿五萬人。由於千里新市鎮的成功，又帶動了許多地區接續展開新市鎮的籌畫與建設。

粗密度　居住人口之總數除以該地區土地總面積。

千里新市鎮有住宅、有商店和圖書館等公共建築，生活機能完備而優質。

擁擠。以行政區來看，當時的建成、延平區（一九九〇年已併入今天的大同區）就超過這個界限，所以很容易給人又擠又亂的感受，因此居民紛紛主動搬離該區。

看到每一個角落對人性的空間尊重

新市鎮的先進規畫，除了密度控制之外，公共設施服務水準的提升、社區及鄰里中心的規畫、人行道設計、建築物鄰棟間隔等等，日本都開啟新社區計畫概念之先河。「四十多年前，日本就相當重視人行道計畫，」黃南淵回憶，「像銀座地區的人行道就有八公尺寬。」除了路燈和行道樹之外，整條人行道上面沒有任何阻礙物，道路整齊美觀，行人皆可享受無障礙的空間。即使原始計畫的道路寬度不足，沒有辦法另築人行道，也用鐵欄杆隔出專供行人使用的空間。反觀我國很多城市，到今天還不重視人行的問題。

從日本建築物的設計中，黃南淵真實看到了對於人性的尊重。像是「日照，這是基本人權，所以日本的建築間距都很寬，要讓每棟房子不分季節，每天至少可以享受四個小時的日照。」他說，日本地處較高緯度，對於日照的要求相當嚴格，透過法律的規定，能夠使得每個人都擁有健康的居住環境。所以，日後在擬定建築法規時，這趟日本行，不僅擴大黃南淵眼界，也使他在制度面及實務上得到極大的幫助。

銀座的人行道都非常寬闊，即使小巷弄沒有寬到八公尺，行走其間也少有障礙。

日本的建築間距都很寬，讓每棟房子都能享有足夠的日照。

看到城市整體規畫的嚴謹

「都市景觀」與「建築計畫」之間的問題，也是日本行的重要收穫。抵達日本的第二天，黃南淵從旅館的窗戶往下看，視線所及的屋頂都十分乾淨，不像台灣到處都是違章建築。地面上的庭院非常整潔，沒有堆積的垃圾或家戶雜物，觸目所及，一片乾淨清爽。

除了整潔的街道之外，更令他訝異的是城市整體規畫的嚴謹。

富士山是日本的重要象徵之一，所以政府就規定，在任何公共空間都能夠一眼望到富士山，也就是「視覺走廊」不能有任何阻礙，建築物的設計都必須遵循此一前提。其實這並非日本的特例，法國也有類似的卓越規畫理念：從巴黎凱旋門眺望過去，直到副都心，直線距離四公里長的範圍內，任何建築物都不可妨礙視覺走廊。

這些規畫與制度的制定，黃南淵說：「就是政府應該計畫執行的事情。」可惜的是，台灣至今還沒有類似的思維與規範。

看到許多先進的專業思想

在日本三個月，除了實務觀察研討之外，黃南淵也帶回許多台灣買不到的專業書籍，這些書籍，對已離開校園多年的他，也產生很大的啟蒙與省思。

岳國介 攝影

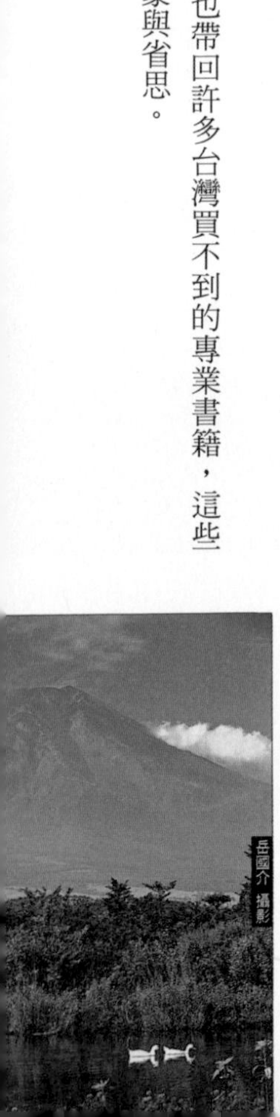

岳國介 攝影

像是建築設計的好壞，過去在學校裡面所學習的，只是教授們按著自己的既有知識來評論，然而，從日本買回的書籍中，如建築設計方法論、OR（作業研究）系統等書，黃南淵才恍然大悟，原來建築設計的好壞，也有比較客觀完整的評估方法。

「建築計畫論」也令他雀躍。雖然黃南淵畢業於建築系，但學校並未開設這一類的課程。他舉例說，如果要設計一座電影院，必須先懂得視線的情形、座位的安排，以及移動的動線等等，如果缺乏這些基本元素的認識，很可能設計出很美觀，卻完全不實用的建築物。遺憾的是，這樣的課程，在台灣的大學建築系教育中，仍顯不足。

扎實的基礎教育，超過十年的實務工作經驗，再加上日本取經的三個月，使得黃南淵對於建築的認識兼具深度與廣度，也使得他開始尋求建築與人性的緊密互動。因為這樣的基礎，幫助他為正式進入擬定法規制度，做了完善的準備。

視覺走廊 Viewing Corridor，指眼前一望可穿透無礙，無任何物體阻擋視線的廊道空間。

作業研究 Operations Research，一種「應用數學」和「形式科學」的跨領域研究，利用像是統計學、數學模型和演算法等方法，去尋找複雜問題中「最佳」或「近似最佳」的解決方案。

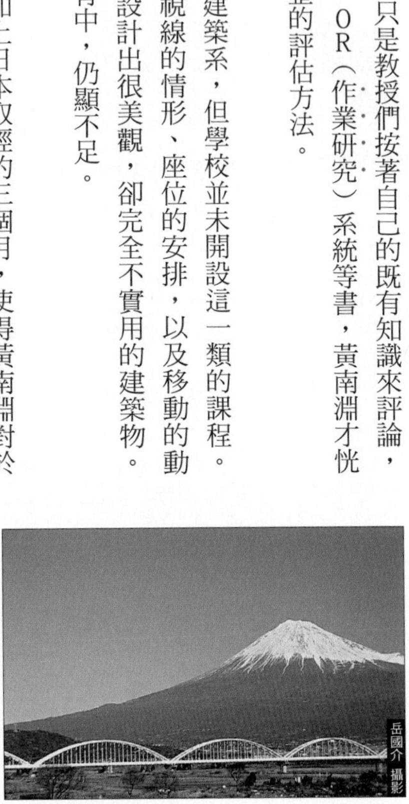
岳國介 攝影

日本政府刻意經營富士山視覺走廊，不論是在鄉間、路上，或甚至在鬧區飯店的酒吧檯，任何公共空間都能夠一眼望見這座日本的重要象徵。

第三章／扎好根基 3

如果說建築物是城市的基礎建設，那麼法規、制度就是建築的重要基礎。看似枯燥的相關條文規定，卻正是創造城市風貌不可或缺的前提，也是「尊重人性」的基本要素。

岳國介 攝影

日本之行只有短短三個月，卻整合了黃南淵多年的專業知識、經驗，並且開啟一扇窗，幫助他見識到先進國家對建築的企圖心及用心。

經過一番消化、吸收、反覆地思索，黃南淵看出了建築在台灣發展的方向，以及公部門在過程中勢必扮演的角色——提供正確的制度，才能夠讓建築業發展，以至於都市環境的營造，朝向正確且健康的方向。

制度——國家進步的動力

良好的制度，為日本製造一切正面的影響

日本的民族性看重秩序、嚴謹且力求完美，這樣的特質呈現在建築上面，益發見其細膩用心。黃南淵赴日本考察時，深深感受到，從計畫觀念、公共資產的重視、設計方法論以及政策決定過程，都盡力發展出最適合的模式。影響所及，無論是居住環境、交通動線、都市景觀，甚至產業的興衰，都因良好的制度而有了正面的影響。

例如，當時日本正在發展預鑄工業，這是建築技術上的大突破，黃南淵特地為此遠赴日本

預鑄工業　因應預鑄建築而興起的工業。二次大戰後，歐洲各國因為戰爭的破壞，在短時期內需要修建大量住宅，傳統工法緩不濟急，「預鑄建築」（Prefabrication）便成了最有效的法寶。「預鑄建築」是將整棟建築物先分為許多單元，如樓板、牆壁、陽台等，每個單元先在工廠內製造，然後再運到工地，利用起重機等機械，組成整棟建築物。整個過程不論是製造、組裝或運籌管理，都是一種工業化的運作。

研究。由於結構技術積極的進展，日本政府為了避免妨礙傳統營造業的生存，立法規定採預鑄工法的公共建築，發包量不能超過總量的三分之一。

建設中的大阪千里新市鎮，直接規範人口密度每公頃不宜超過一百人，以便建築物能夠留出適當的鄰棟間隔，充分考慮日照、採光、通風等條件，並且提供充足便利的公共設施。

「這讓我強烈感受到，一個高度文明國家所建立的制度，」黃南淵說，「制度的建立，以及與之伴生的社會共同價值觀，可說是引導國家進步的原動力。」

日本所見所聞，在他的心中彷彿注入活水般。因此，黃南淵更加堅持，以「改造都市環境品質」為一生的職志。

人性──建築思維的起始

「人的互動」就是建築概念落實到實際生活不可或缺的要素

建築之路走到此處，他知道建築並不是在設計出最美最高或最奇特的建築物。「建築家」所要思考的是，要創造出什麼樣的生活環境？要如何思考建築與人的互動？要如何實踐自己思考所得的成果？

學習建築的層面既深且廣。可以「設計建築」「建造建築」「讓建築用最好的方式建造」「觀

岳國介 攝影

大阪千里新市鎮用明確的營建規範，保障每一戶人家都能享有充分的日照、採光與通風。

看建築」「使用建築」「書寫建築」「描繪建築」「修改建築」「拆除建築」「保存建築」等等。這些概念落實到實際生活時，必須加入不可或缺的要素：「人的互動」。

黃南淵認為，如果少了「人的使用」「人的觀看」「人的喜好」等人性的因素，建築物的價值將蕩然無存；同理可證，當人與建築互動時，建築本身自然而然成為有機體，成為社會的重要「連結」。

現任東京大學教授的松村秀一（Matsumura Shuichi），研究範圍相當廣泛，從工業化住宅、都市型住宅生產系統、集合住宅的再生方法、有效活用都市空間的建築，甚至到工業化構法與既有構法的國際比較史等等，貫穿建築的多個重要領域。他曾經撰文分析了上述建築物與人類生活的關係。

連結——建築價值的核心

建築連結了「產業與生活」「環境與個人」「世代與世代」，以及「文化與文化」

「建築對人們而言，是事物與事物之間重要的『連結』，而建築的價值就存在於此。」

「連結」什麼呢？松村秀一說，建築連結了「產業與生活」「環境與個人」「世代與世代」，以及「文化與文化」。

當光線、動線與空間都和人有所互動時，這建築本身自然而然就成為一個有機體。

他解釋說，建造一棟簡單的住宅，需要的人力眾多。因為，除了施工現場的各種工人之外，光是製作木質家具，就還需要木材場的建材工人、種樹木的林業工人、運送木材的運輸工人，還有像是榻榻米，面材可能是由中國大陸的農家所種植出來的藺草，收邊必須由日本岡山縣的專門業者進行，至於榻榻米的芯材，則是由建材公司的工作所製造出來的化學合成品。

產業與生活的連結

以此類推，建造一棟建築物，實際上是由多人、多種產業，甚至跨國進行的連結。無怪乎，許多人稱建築為「產業的火車頭」，因為建築的確與許多產業、許多人的生活有著密不可分的連結。

值得一提的是，建築與一般工業製品大不相同的是，建築物在某個地點建造起來之後，除了天災人禍之外，就不再移動。因此，一棟建築物如何和當地的產業互動，或產生獨特的結合方式，是另一項重要的議題。

像是台北的一〇一大樓，因為世界第一高樓的頭銜，吸引許多觀光客前來，帶動所在地的百貨商場、大型電影院的結合，成為台北市最具國際化魅力及在地風格的商業區。每年跨年施放的煙火秀，已成為全球矚目的焦點，成功地將台北行銷到全世界。

一〇一大樓的跨年煙火秀，成功地將台北行銷到全世界。

環境與個人的連結

其次，建築也是「環境與個人」連結的重要因素。松村秀一指出，過去人們認為的建築是「守護人們生活免於外界嚴厲氣候條件，或外敵威脅的器具」。然而隨著時代變遷，人們藉由科技，希求更加舒適的生活，「建築是承載生活所需，從外部引進的如電力、天然氣、水等裝置的容器。」

簡單來說，他認為今日的建築類似大量消費能源與水的終端機器，扮演外在環境與處於室內人類的連結角色，這個連結的器具會持續，也會陸續改變外與內的、環境與個人的關係。例如要維持室內相同的溫溼度，建築材質、構造的方式有所差異，所伴隨的能源消耗量就大不相同。除了能源消耗之外，還有由屋內排出的廢棄物、廢水，也因著建築的不同，有著極大的差別。

所以，從這樣的觀點來看，當世界現有能源儲存量進入警戒線、地球暖化日益嚴重的此時，環保節能成為建築界最熱門的研究領域。

世代與世代的連結

建築還有一個特色，就是可以橫跨幾個不同的世代，綿亙數百年甚至千年之久。例如位於中東的佩特拉古城，推估大約是從西元前三世紀之後開始興建，至今仍然存在。又如義大

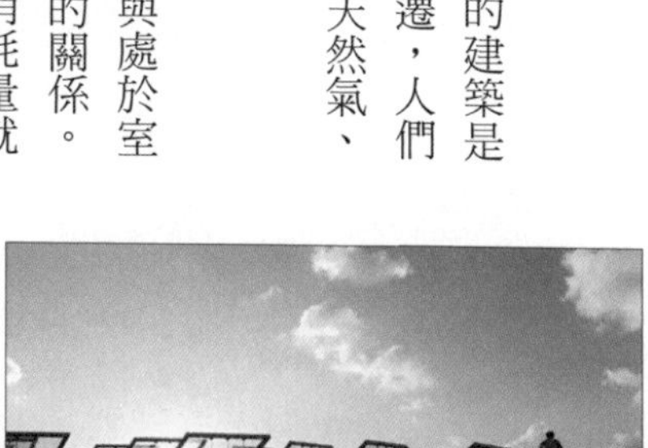
岳國介 攝影

環保節能當道，屋頂上除了要有太陽能收集器，還要設計得有美感。

利羅馬、佛羅倫斯許多現存建築物，都是在十五世紀文藝復興時代建造完成，至今還有一般居民住在其中。

有趣的是，雖然這些建築連結了不同的世代，但是由於人們生活方式的改變，因此會以不同的方式使用相同的建築物。亦即，從建築物的沿革，往往能夠準確描繪出人類生活變動的歷史。

以紐約華爾街周邊的房子為例，由於產業型態轉變，制度隨之更替，廿世紀穩占金融鰲頭的曼哈頓摩天高樓，在廿一世紀竟然有了截然不同的面貌。

最主要的原因在於ＩＴ產業環境的發達，科技進步速度超越過去千年來的總和，時間空間的實際距離對於金融業來說，也隨之大幅縮減。視訊會議、行動電話、無線網路、筆記型電腦、ＰＤＡ等等科技產品，都使得傳統辦公室的觀念產生改變。於是，許多企業總部選擇搬離華爾街，因此曼哈頓辦公大樓的空房逐漸增加。影響所及，對於紐約市政府來說，不只是稅收急遽下滑、活動人口減少，也使得治安死角越來越多，需要投入的警力大幅增加，付出的社會成本隨之增長。

為了改變這樣的情況，紐約市府選擇從制度下手。

他們決定讓曼哈頓的辦公大樓住宅化，所以，在辦公大樓改建時，如果有住宅化的計畫，

由於科技改變了生活與工作的方式，曼哈頓摩天高樓的空房率大增。

就可以免課工程稅。於是，松村秀一說，那個被稱為「世界金融中心」、寸土寸金的區域，竟然都改頭換面，有些變成高級出租公寓，有些甚至已經是提供給紐約大學學生租用的學生宿舍。所以，因應生活型態變化的彈性設計，成為極其重要的設計課題。

由於曼哈頓本來就有良好的生活機能，所以這項政策很成功地影響建商，開始將辦公大樓改建為出租公寓，也解決了社會治安問題，還能繼續維持這個區的百年風貌。

文化與文化的連結

其實，不只是建築物本身可以存在超過百年，眾所皆知許多知名建築物，光是建造過程就橫跨數個世紀。例如在梵蒂岡的聖彼得大教堂，圓頂是十六世紀的米開朗基羅所設計，柱

佩特拉　Petra，約旦古城，位於安曼南邊二五〇公里處。歷史學者普遍認為它是納巴特王國（Nabataean Kingdom）的首都，建造於西元前三世紀到西元前二世紀之間。羅馬統治時期是香料之路商旅的休息站，相當繁榮，但三世紀之後逐漸沒落，七世紀被阿拉伯軍隊征服時，已是一座廢棄的空城。歐洲人到一八一二年才發現它，並開始一連串的考古發掘。佩特拉古城的建築風格融合希臘、羅馬和古代東方傳統的特點，皇陵、神殿、劇場、墓穴、房舍、水道及蓄水庫等七百多件遺跡幾乎全在岩石上雕刻而成，周圍懸崖絕壁環繞，僅有一條最寬處約七公尺、最窄處僅二公尺、總長一・五公里的險峻峽谷與外界相通。一九八五年被聯合國教科文組織列為人類文化遺產，目前還有一百多名居民，一部分仍然住在洞窟裡。

聖彼得大教堂　聖伯多祿大殿（Basilica Sancti Petri）通稱聖彼得大教堂，是梵蒂岡的主要大殿。建於一五〇六至一六二六年間，占地二萬三千平方公尺，可容納超過六萬人，極可能是目前世界最大的教堂。義大利文藝復興時期的建築師與藝術家貝尼尼（Gianlorenzo Bernini）、布拉曼帖（Donato Bramante）、拉斐爾（Raffaello Sanzio）、米開朗基羅（Michelangelo Buonarroti）和桑迦洛（Giuliano da Sangallo）等都曾參與設計。教堂中央是直徑四二公尺的穹窿，頂高約一三八公尺，教堂內保存有歐洲文藝復興時期許多藝術家如米開朗基羅、拉斐爾等的壁畫與雕刻。教堂前面有兩重用柱廊圍繞的巴洛克式廣場，由貝尼尼設計。

梵蒂岡聖彼得大教堂匯聚了文藝復興時期義大利最傑出的建築師、藝術家與工匠，建造過程跨越不止一個世紀。

廊則是十七世紀的雕塑家貝尼尼設計完成。還有十九世紀末，建築大師高第在西班牙巴塞隆納開始建造的聖家堂，他生前花費四十三年設計與施工，卻只完成部分，聖家堂，至今仍然在施工中。

除了時間的縱深外，建築也可以連結不同地區、不同種族的文化，成為文化與文化的介面。

從台灣的建築物，特別是台南、鹿港這些早期繁榮的通商口岸，可清楚看出不同文化流入影響的痕跡。荷治時代開始，荷蘭人就在台南建立熱蘭遮城（安平古堡），做為防守據點；在北部的淡水河口，也建造了安東尼堡（紅毛城），做為防禦要塞，到了咸豐八年（一八五八年）開港通商之後，則搖身變為英國領事館，為了展現英國領事優越的文化品味與生活方式，屋內完全仿製英國建築空間設計。

類似英國領事館，在台南，著名的還有「洋行」建築，更是充分展現百餘年前台灣各種不同文化融合的面貌。例如「安平五大洋行」，外觀上完全不同於台灣既有的閩南式建築。雖然採用台灣本土建材，然而在空間規畫、動線設計方面，幾乎都是採取西洋建築手法，簡單而言，就是以本土建材來營造西方空間，產生一種中西交融的時代氛圍。

而台灣常見的閩南建築，實際上也是明末清初透過移民帶來台灣，松村秀一指出，建築所展現的文化風貌如同方言的演變一樣，當進入另一個區域，或是受到另外一種文化的影響時，會產生雙向的互動，而衍生出另外一種不同的風貌。

巴塞隆納的聖家堂早已成為觀光與朝聖的光點，卻是一件尚未完工的傑作。

互動——優質社會的推手

社會製造建築，建築成就社會，兩者互為因果

建築，既然涉獵且影響如此廣泛，在建造一棟新的建築，或者拆毀一棟舊的建築時，就應該審慎的思考，絕非營造的技術問題而已，必須同步思考機能、社會、文化、歷史、美學等各種層面，甚至直接關係到一個區域的興衰消長。

所以，光憑個人創意是不夠的，只有某個企業的理想和熱誠也不足，必須由政府領軍，擬訂具有遠見的政策，同時結合企業、學界及各種團體的力量，才能夠打造兼具美感、功能和文化的環境。

要創造出優質的環境，「公私部門都要有這樣的共識。」跟四十多年前剛從日本回國時相比，黃南淵對於營造城市環境品質的熱情，未曾稍減，「建築最大的成功就是跟生活結合。這也是建築人的社會使命感。」

聖家堂　聖家贖罪堂（Temple Expiatori de la Sagrada Família）一般簡稱為「聖家堂」，西班牙巴塞隆納著名的天主教教堂。從一八八二年就開始修建，但因為是贖罪教堂，資金的來源主要靠捐款，捐款的多少直接影響到工程進度的快慢，所以至今還未完工，是世界上唯一一座還未完工就被聯合國教科文組織列為世界文化遺產的建築物。動工後一年由年僅卅一歲的安東尼高第（Antoni Gaudí）接手，高第將他一生四十三年的心血都花在這個教堂的設計上，也成就了這座教堂不朽的價值。

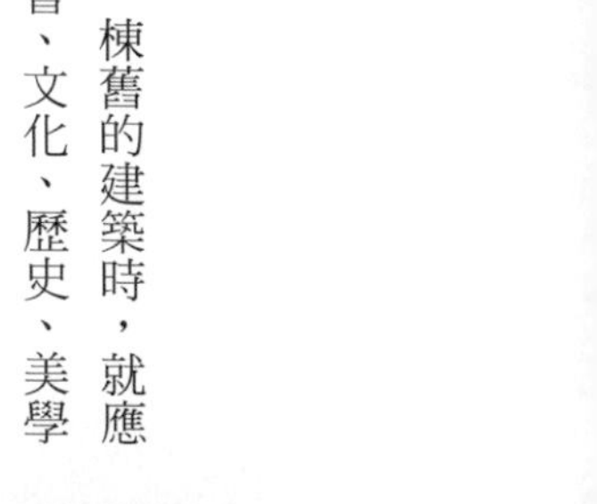

丁榮生 攝影

荷蘭人蓋的熱蘭遮城，換了主人之後，變成了安平古堡。

英國人把荷蘭人趕跑，在安東尼堡（紅毛城）旁邊蓋了英式的領事官邸。

台灣常見的閩南建築，也是清初透過移民帶來台灣的房舍式樣，跟原住民的大異其趣。

同時，建築以及環境的改變，需要許多專業知識與人才的投入，建築或土木工程技術只是不可或缺的基礎之一，其他必須思考的面向既深且廣，考慮的不只是空間，還必須預測時間對於社會可能產生的影響，日本東京大學教授、建築師內藤廣就認為，社會製造建築，建築成就社會，兩者互為因果。

他舉例說，在廿世紀初，地球的總人口數約十四億人，一百年後，雖然其中經過兩次世界大戰，以及層出不窮的區域戰爭，但是人口也已經增加到六十三億左右，估計五十年後，全世界人口數將突破九十億以上。

從這樣的成長趨勢推估，在中國、南美洲、印度等新興國家中，很快會出現人口超過三千萬的超級城市。在此時，也有許多城市與國家，正面對人口老化與負成長的問題。例如日本，預估五十年後人口只剩下七成，一百年後只剩下一半。台灣也是如此，出生率不但遠低於美國、法國等先進國家，甚至已經提早步入人口負成長的階段。

內藤廣說，人口負成長意味著，原本已經擴展到都會市郊的住宅區將難以維持，而稅金的收入也無法支持城市生活必需的基礎建設，因此，政府必須預先準備，以政策、制度等等各項措施，使都市體系維持在正常且優質的運作環境中。

如果地球人口繼續成長，超過三千萬居民的超級城市，很快就會在中國等新興國家出現。

行動，即將展開——

進入甫升格的台北市，開始藉制度層面的努力為台灣優質環境打基礎

由此可知，如果說建築物是城市的基礎建設，那麼法規、制度就是建築的重要基礎，看似枯燥的相關條文規定，卻正是建造城市、社會風貌不可或缺的前提，也是「尊重人性」的基本要素。

對於黃南淵來說，「尊重人性」的理念落實在制度面上，彷彿人生的軸線一般，決定了他接下來的人生路。

一九六七年六月，日本回來後不久，適逢台北市升格為院轄市，市政府改制，黃南淵從省政府公共工程局調到台北市工務局，擔任建管處第一組組長，負責建築執照的審核，開始深入探索當時所有建築法規的前後關係，以及日本法規的內涵與精髓，期待藉由制度層面的努力，為台灣整體環境奠定優質的基礎。

第四章／寶劍出鞘

4

好的公務員絕非依法辦事而已——為了落實公共利益，為了落實政府服務與保護的功能，不顧自己的安危或升遷，就算得罪長官，也要堅持做「對的事」。

岳國介 攝影

進入台北市政府工務局之後，黃南淵正式跨足行政與法規領域，成為營建領域的「基礎建築師」。

他擔任建管處第一組的組長，負責建築執照審核。由於職務需要，必須深入鑽研相關法規，了解當時所有建築法規的前後關係；除了台灣現有法規，他也深入研究日本和美國的制度，想要更進一步明白先進國家營建法則的來龍去脈。同時應用他的研究心得，參與審查《台北市建築管理規則》以及《都市計畫法台北市施行細則》。

重編法規

重新編寫《建築技術規則》，影響深遠

《建築管理規則》主要是針對建築方面的規定，《都市計畫施行細則》則處理計畫之核定、土地使用、新市區建設、舊市區之更新等相關問題。完成這兩個法案審查之後，他開始參與《都市計畫土地使用分區管制規則》的修訂。

這次的修訂，可以說是國民政府遷台之後，營建法規更新的開始。在此同時，黃南淵的視野也從「建築物設計建設」，擴張到「都市規畫建設」，從微觀到宏觀，整體格局更為開闊。

擔任建管處組長四年後，他已經累積了設計、施工和行政的完整經驗，於是調任養工處擔任正工程師，在總工程師室負責工程督導、驗收等事務，一年多之後，再調回工務局擔任

第三科科長，主管建築工程，以及所有拆遷房屋的補償工作。

同樣在這段時間，黃南淵開始到淡江大學教書，由於之前已經熟悉日本的建築法規，再加上自己寫書、從事審查的工作，所以在營建理論和實務上得以同時並進，益趨成熟老練。

黃南淵回憶當時比較重要的成就，要算是訂立建築工程單價分析的標準。這樣的標準，至今幾乎仍被建築工程分析所沿用，他說，由於過去多年的監工經驗，再加上準備高考的過程，熟讀各類理論，所以哪一類的構造需要用多少鋼筋、多少水泥等材料，他相當有把握，「這些都是經驗值，可見經驗的傳承是很重要的。」然而，比較令人遺憾的是：「一直到現在，我們的政策還是常常忽視經驗的傳承。」

擔任第三科科長約一年半的期間，黃南淵完成了《新社區的規畫》以及《營建法規概說》兩本書，並且考上甲等考試，是建築領域錄取的唯一一人。同時，應經建會的邀請，重新編寫《建築技術規則》，這是台灣光復之後的第一次修訂，意義相當重大。

「這應該可以算是我在四十歲時對社會最有貢獻的一項成就。」黃南淵說，當時他參考了日本和美國的系統，發現美國的形式對台灣而言過於複雜，日本由於文化與地理的接近性，法規脈絡比較貼近，所以幾經斟酌，仍採取日本系統做為主要參考。

這次重新編寫，「要確保建築物基本安全跟衛生問題。」他說，同時也將規範建築機能與空間的形成等因素納入條文，不僅讓台灣的建築技術與現代化國家接軌，整體建築品質也向上提升。

整頓騎樓

為行人營造無障無礙的平坦路面

考取公務員甲等考試之後，按規定必須調動職務，一九七四年，黃南淵調任台北市建管處處長，對於台北市的都市建設，提出許多寶貴且影響重大的主張。

首先是重新整頓騎樓，這是都市計畫中，美化市容的第一步。

騎樓是台灣獨特的建築形式之一，一方面因為亞熱帶氣候，經常有雨，為了讓民眾方便活動，也讓商業活動可以繼續，所以在房屋與道路中間，有一塊台灣人稱為「亭仔腳」的騎樓。一方面，在古時也有防盜的作用，因為方便巡邏，視覺上面比較通暢，若有盜賊，可以儘早發現。

但是，隨著生活型態的改變，現實的情況往往是，騎樓往往被用來做生意，擺設桌椅或設置攤商，設置順勢延伸到人行道，於是一條巷道中，行人甚至連一條無障礙、平坦的路都沒有，需要左閃右躲，避開各種障礙物。住戶的生活品質低落，絲毫沒有辦法改進。

岳國介 攝影

乾淨的騎樓，讓行走無障無礙，讓逛街成為一種極大的樂趣。

衡量生活型態和民情之後，黃南淵主張，台北市住宅區的騎樓地全面取消，並且建築物要後退兩公尺，預備將來道路拓寬時，做為人行道使用。

比較遺憾的是，這條法令雖已送請行政院核定，但當時的台北市長竟然沒有公告實施，於是立意良好的法規功敗垂成。回憶四十年前的往事，黃南淵還是不免扼腕：「如果那個時候就公布了，經過這四十年來的累積，一定會讓都市景觀擁有完全不一樣的風貌。」

同樣是針對騎樓地，黃南淵也主張，所有公共設施的騎樓地必須退縮三・六四公尺。這一點由於只牽涉到公部門，因此推動起來阻力較小。細心的人可以發現，目前的台北市無論是小學或小公園附近，都會產生「豁然開朗」的感覺，這就是建築物退縮的功效，「對於都市景觀來說，這是一件很重要的事情。」

堅拒關說

為了給行道樹空間，不惜以前途捍衛

與都市景觀密切相關的，還有行道樹。台北市的仁愛路、敦化南路，還有中山北路，經常被視為景觀最美、最適宜散步的三大路段。而這三條大道則擁有相同的特點：行道樹。綠色植物所散發出來的芬多精，不但可以清淨髒汙的空氣，還提供視覺上的放鬆與舒適。因此，他特別著手制定相關規則，讓城市處處都有綠意。

敦化南北路的行道樹高大而密集，是台北市最宜散步的三大景觀大道之一。

不過，推動這個規定時還發生一段小插曲。他回憶當時，台北市有五十多條道路有行道樹，這些行道樹的區域，原本在日治時代屬於公有土地，是道路的一部分。但隨著時歷史與時代的更迭，不知為何，這些土地賣給了私人，成為私人財產，於是很多人為了拓寬自己的房舍，隨意砍伐樹木，房子加蓋出來。造成整個道路的景觀扭曲變形，所有民眾「行的權利」也受到嚴重損害。

為了維持市容的整體美化，當時台北市都市計畫委員會通過決議，要求凡有行道樹的街道，房屋不可以往外蓋，侵占行道樹的位置，用以維持道路景觀的一致性。

但是，由於市長的某位朋友的房屋想要往外蓋，於是向市長反應，而市長也礙於人情的壓力，要求黃南淵放水。但是，黃南淵不肯答應，因為人情事小，包括他自己的升遷都無關緊要。他所在意的是，公務員必須有擔當，必須為公眾的最大利益有所堅持，絕不應該接受任何型態的關說。

公益為先

「服務」跟「保護」，是政府的唯二功能

實際上，當時發生的這個案件，蘊含了許多民主社會中經常發生的重要議題。例如，「公眾利益」和「個人自由」之間如何取得平衡，古今中外都有許多爭議。如果行道樹是私人財產，當然每個人都擁有處分它的權利。但是，請別忽略，在民主社會中，個人自由不得

侵犯或影響他人自由的重要界限。

如果把眼光轉向歐洲、美國和日本等先進國家，可以發現，政府對於道路使用的規範非但嚴謹，有時候甚至近乎「妨礙自由」。例如，招牌的擺設位置、大小，還有字體，都有嚴格的規定。

更有趣的是，這些國家的民眾對於社區景觀的要求，完全是自動自發的。例如，誰家的草坪沒有剪修，可能會有鄰居上門規勸；還有誰家的門窗配色不對，也有好心的鄰居會前來指導；更別提有人敢把衣服晒在前陽台，迎風招展如同萬國旗一般，可能連警察都會上門取締。

除了民眾對於建築品質的自覺與要求之外，政府的公權力在民主社會中，應該扮演什麼角色？這是另外一個值得深思的議題。從最簡單的財產觀念來看，在民主社會中，屬於私人所有的建築物，個人擁有處分的自由，似乎理所當然。不過，也別忘了在民主社會中高舉的個人自由，不能違背公共自由，也是民主政治與公民社會共同服膺的前提。

那麼，究竟由誰來判定個人與公共自由之間的界限？

政府當然必須扮演這個角色。除了維持界限之外，相較於個人，政府必須站在「制高點」，人民看到的是個人和自己所在的社區，政府所關注的，則是宏觀的國土規畫；人民在意現

岳國介 攝影

先進國家對招牌的擺設位置、大小，甚至字體，都有嚴格的規定。

況與未來的可能發展，政府則是引導未來發展策略的主要推手。

「服務跟保護，是政府的『唯二』功能。」過去的四十年間，從基層公務員到中央部門的全國營建最高主管，黃南淵認為，立法最重要的目的就是服務及保護人民，所以，無論是法規的修訂和執行，都必須遵循這樣的原則。

不計毀譽

為了給民眾順暢的逛街動線，不惜衝撞「圖利他人」的質疑

黃南淵認為，好的公務員絕非依法辦事而已——為了落實公共利益，為了落實政府服務與保護的功能，不顧自己的安危或升遷，就算得罪長官，也要堅持做「對的事情」。

當時，連接遠東百貨與中華商場（現已拆除）的天橋，也是因為他的堅持，才能夠核准興建。黃南淵說，廿幾年前，養工處的主管科簽報天橋是公共設施，如果連接到民營的百貨公司，就是圖利私人而不予同意，但是他認為，讓民眾逛街有順暢的動線，就是一種服務功能的擴大，並不是圖利他人，而是為民興利，不能為了避免可能讓業者受益，就犧牲掉真正的公共利益。

「這是公務員的自我實現，也是責任感和尊嚴。」黃南淵舉日本為例，他說日本是「科長政治」，科長手上擁有很多資源，所以由國貿局一位科長召集的會議，甚至連 SONY 的董事

長都會親自出席，被如此重視的原因是，這樣的會議可以得到有效的資訊，以及對產業、企業發展有幫助的資源。

既然科長擁有這麼大的公權力，所以整個政府人力資源升遷機制就非常重要，必須確保「用人唯才」，才能夠保障全體國民的利益。他說，每位科長要經過考試，絕非靠著年資升遷。除了經歷，也必須有好的能力，才能擔任單位主管，我國公務員的升遷體制，未有「科長必須經考試及格才能擔任」的規定，在東京都的公務人員，卻必須在同一個單位長達八年以上，才能參加科長資格考試，考試及格可擔任副科長，再升到科長。每個人雖然稱不上是領袖，但都非常有責任感，注重身為公務員的尊嚴，總希望將事情做到最好。

「人」對了，只是第一步，接下來，還必須有整體配套，從政策主要思維、自然環境、民情風俗、現有限制、建築相關產業的現況、民眾的觀感、政府組織架構等等，都必須整體進行調整，才能夠改變、提升。

借鏡日本

公共建設要有長期累積，功效才會呈現

同樣是東亞國家，日本雖然在二次大戰後才從廢墟中重建，但是卻因為政府對於建築具備宏觀的政策思維，所以理論系統發展得相當完備。以自然環境來說，同樣處於地震危險帶，跟台灣九二一地震以前相較起來，他們的地震研究相當完備，在黃南淵到日本研修之前的

一九六〇年代，就已經設立「建築研究所」，專責研究地震和建築物的關係，可見日本對於建築的重視。

反觀台灣，我們一直到一九九〇年代才成立類似的機構，但編制經費依舊難以相比，足足落後數十年。黃南淵說，建築的發展絕對不是一個簡單的問題，是國家機器長期投入人力、智力、資本、國力的多年累積，才能呈現出來。

從對自然環境的了解開始，黃南淵分析指出，日本建築素樸的風格，絕對和地處地震帶有關，所以日本比較重視施工工法的安全性，像是管線設計儘量避免繁複彎曲，手法乾淨有序，特別是結構安全，更不能掉以輕心，因此日本設計通常比較單純，反倒著重在建築機能之發揮與結構安全，再配合精緻工法，沒有太多非必要的裝飾。

岳國介 攝影

岳國介 攝影

許多日本建築名家不但設計創意突出，對施作精緻性的要求，也極端嚴格。

日本工法對施工過程的安全性非常講究，手法乾淨有序。

擇善固執

公務人員要有自己的使命感，堅持做對的事情

這一點，與日本人重視秩序、整體美感的文化結合，且隨著時代的演變，將東方的元素與後現代思維結合，形成獨特且引領世界潮流的日本建築設計風格。

由此可知，建築文化的形成，從國家組織、研究單位、民間建築界、企業到社會大眾，必須全國上下一致的共識和努力，從法規、建築設計、施工工法到室內設計等等，各個環節缺一不可。而政府及公務人員，扮演了其中最基礎且重要的角色。

「公務人員要明白自己的責任，要有自己的使命感，並且堅持做對的事情。」黃南淵因堅持行道樹的景觀，雖被當時的市長責備，仍然堅持執行到底，甚至不怕影響自己仕途的升遷。在當時遭受到「固執己見」的評論，但近四十年後的今天，無論從環境保護、景觀、城市競爭力、生活品質來看，這樣的固執，卻顯得極富遠見與意義。

類似這種「牽一髮而動全身」的堅持，也可以從他擬訂的《台北市畸零地使用規則》看到。因為經常有人會故意買一塊小小的地，當周圍較大的地主想要與其合併起造大屋時，便可藉此大敲竹槓，一坪十萬元的地甚至抬高到一百萬元。

其實畸零地的合併對於都市建設來說，是一件好事，為了杜絕這種漫天開價、不當得利的行為，所以在這個規則當中規定，土地面積小於一定範圍以下的地主，不能夠拒絕合併；但同時為了保障其權益，若是其售價在市價的三倍之內者，大地主必須接受購買。

這個規定能夠有效解決畸零地的問題，使得建築基地取得最適於居住的大小，所以對於整體建築品質的提升，也有相當大的成效。

實際上，公務人員具備專業素養和理想，透過正確的溝通和適度的引導，絕對能夠使城市面貌煥然一新。

岳國介 攝影

新一輩日本建築師將東方元素與後現代思維結合，形成獨特的**日本建築設計風格**，引領世界潮流。

第五章／

美化城鄉

5

建築物的影響至少五十年，甚至超過百年，整個社會的硬體結構主要取決於建築物，甚至影響社會文化與價值觀的形塑，所以絕對不能用「臨時」「急就章」的方式進行規畫，這樣的觀念隨著時代的發展，全球化往來日益頻繁，將成為社會的共識。

岳國介 攝影

在黃南淵擔任台北市建管處處長時，有兩個建案，初始條件類似，呈現出的結果卻大為不同，至今對於市區景觀仍然產生相當重要的影響。

西門町化零為整

把四塊狹小不好用的空間變成有價值的獅子林廣場

第一個是西門町的獅子林廣場。一九七〇年代，西門町是台北市最繁榮的商業區，但缺乏的就是公共空間。當時有相鄰的四棟新建物幾乎在同時興建，分屬於四個建商，由於高度限制，四塊基地都必須各自退縮，會形成四塊狹小不好用的空間。黃南淵心想與其如此，不如與四個建商協議，留出一塊相連的空地做為公共空間使用。

這種「綜合設計」的概念，當時在台灣還尚未誕生，也是黃南淵參考日本的法規，首度在台灣推動這樣的設計方式。於是，黃南淵親自和四家建商協商，不做圍牆與區隔，形成一個小廣場。

這樣的設計，在視覺上比較開闊，這是第一個優點。第二，等於由政府主導，協助業者創造一個次文化空間，成為市民休閒生活的場所，更是鬧區難得一見的都市空間。

這樣的概念說來容易，但實際執行卻困難重重。法令的限制是主要困難，還有，因為土地屬於建商私人所有，當時法令對於開放空間也沒有明文規定，政府所扮演的角色，只能盡

業主讓出狹小不好用的空間，成就了獅子林廣場，也獲得更大的經濟利益。

力協調、說服，希望達成大家的共識。獅子林廣場就在黃南淵的努力下，成為西門町最有價值的開放空間。

「只有政府、只有業者都是不夠的。」他從這次的成功經驗中了解，業者所考慮的，也是消費者的感受。所以，如果民眾對於建築品質能夠有高標準，從建築美學中創發經濟效益絕對不只是一種理想，絕對可以創造出優雅、有品味且提升經濟價值的空間環境。

雙子星聳立站前

新光與大亞百貨大樓原本有一個雙子星計畫，可惜未竟全功

同樣的想法，黃南淵也想落實在台北車站前的新光大樓，和緊鄰的前大亞百貨大樓。當時新光大樓和大亞百貨大樓幾乎同時預備動工，黃南淵認為，兩棟大樓可以設計成「雙子星大樓」，只要前後棟區隔開，開放的公共空間寬敞又舒適，可創造出生動活潑的都市景觀。兩棟樓可以稍微不一樣，但是具備一致的元素，那麼，空間的趣味就出現了，而且可以打造出首都的氣勢。

當時已經和兩家業者進行協商，可惜後來因為黃南淵調任，後續沒有推動。所以兩棟大樓還是各自設計、興建，未能呈現出整體協調規畫的美感，相當可惜，城市治理的重要性可見一斑。

台北車站前的新光大樓和緊鄰的前大亞百貨大樓，本來有機會做出整體協調規畫的美感，可惜後來還是各自設計，未能烘托出首都中央車站的氣勢。

直到今天，雖然台北車站因為雙鐵共構加上捷運，已經成為整個北台灣交通的樞紐，更是首都的重要門面。但是，面對火車站的景觀卻缺乏整體設計，顯得非常不協調。

「這麼重要的都市更新計畫，竟然由一個臨時組織來負責。」黃南淵說，直到如今，國家負責都市更新的最高機關營建署，甚至還沒有固定的專責單位。

他指出，建築物的影響至少五十年，甚至超過百年，整個社會的硬體結構主要取決於建築物，甚至影響社會文化與價值觀的形塑，所以絕對不能用「臨時」「急就章」的方式進行規畫，這樣的觀念隨著時代的發展，全球化往來日益頻繁，將成為社會的共識，當然，也成為民眾對於政府的期望。因此，如何推動政府機制的強化，將會是都市發展上重要、且必要首先面對的議題。可惜的是，強調把都市更新列為重要施政已經多年的中央政府，迄今仍以臨時組織單位在負責此一重要政策。

副都心落腳信義

最關心一個街廓要多大、它的最適規模如何

繼建管處長之後，一九七六年，黃南淵調任台北市工務局副局長，職務涵蓋的層面更加廣泛。上任之初，首先參與的就是信義計畫的整體規畫。信義副都心計畫是台北市目前的首要商業區，也是台北市行政中心所在地，包括台北市政府、曾是全球最高的一〇一大樓、台北

世貿中心等都在其中。同時，這也是台北市政府首次大規模進行的都市更新再造計畫。

當時由於台北市西區，包括台北車站、西門町一帶過於擁擠，市區發展相當受限，所以開始計畫把市區發展軸線向東移，擴大城市腹地，均衡東西發展。

於是在一九七六年，台北市政府變更國父紀念館以東地區為特定專用區，做為新市政中心及次商業中心之用，範圍大約畫定在基隆路一段、信義路五段、松德路、忠孝東路五段所包圍的區塊。早期此區域的土地屬於國防部所有，其中有聯勤四四兵工廠以及不少眷村，在這些單位陸續搬遷後，正好形成一塊完整的基地。

除了城市發展的思考之外，同時配合住宅發展政策，興建示範性質的新社區，提供良好住宅環境。接下來還要大幅增加計畫區內商業投資的誘因，以吸引跨國的金融服務、旅遊服務，以及展覽產業者進駐，帶動台北市的商業競爭力。

以這樣的企圖心和宏觀格局為基礎，在參與這個示範性質濃厚的專案時，黃南淵回憶說，他所著眼的重點就在於區域內的密度計畫、景觀計畫以及生活計畫，具體來說就是街廓的規模、最小基地的規定等最基本的問題，「我關心一個街廓要多大，它的最適規模如何。」最後決定，一個最小基地規模是四千平方公尺，大概一千多坪，建率為百分之七十。「這樣子才能設計出每一層有適當樓地板面積、外觀也漂亮，使用起來最有效率的建築。」

岳國介 攝影

信義副都心計畫區內指標建築雲集，包括世貿中心及曾是全球第一高樓的台北一〇一大樓。

街廓　一個被道路包圍的建築基地區塊。在過去，住宅區一般的街廓尺度是長一〇〇至一五〇公尺，深四〇至五〇公尺，但現在建築寬度與規模逐漸放大，都市計畫的街廓尺度亦必須因應改變而適度提高，商業區及工業區的街廓尺度，更必須依計畫容積放大，以符合實際需求，才能創造優質環境景觀。

最小基地規模　建築基地臨接道路的「最小深度」乘以「最小寬度」，所得到的面積，就是最小基地規模。一個空間環境裡，如果最小基地規模定得太小，空間景觀很容易支離破碎、不夠大器。

站在今日的信義副都心計畫區，走在車水馬龍的信義威秀、新光三越、誠品書店信義店旁邊的人行徒步區，卻絲毫不覺得擁擠，還令人有優閒舒適的感受，這正是當年黃南淵所堅持並落實的理想。

給空間容積獎勵

不但讓設計跟都市景觀更加自由化，市民可使用的公共空間也相對增加

在台北市工務局副局長任內，一九八〇年黃南淵經考試獲得公費，赴美研修土地使用分區管制計畫，三個月走遍美國過半數的大城市，不僅對美國大小城市都市計畫之擬訂與變更、目標與程序有相當深入的了解，同時親自體驗在不同的使用分區與使用強度管制下所形成的空間品質、景觀與環境品質。

回國後，他負責完成研議許久的《土地使用分區管制規則》在市議會的審議工作。從一九六九年到一九八〇年，經過三次的修訂，送到市議會之後，又被擱置三年，直到一九八三年才正式通過，報內政部核定公布實施。

黃南淵最引以為傲的貢獻，就是加入〈綜合設計放寬規定〉這個章節，透過政府的獎勵，鼓勵建築業者擴大基地規模，發揮空地留置的原則，提升城市景觀跟住宅環境的品質。

他舉例說明，例如街廓大到一個規模時，就可以享有容積率及高度放寬的優待，業者為了

信義威秀商圈有規畫良好的徒步區，逛起街來優閒舒適。

享有這項優惠方案，就會努力買到符合規模的基地。如此一來，建築物就不再是過去又擠又亂的景象，對於居民的健康和環境品質來說，絕對大有助益。同時規定，如果把空地留設在建築物前方，且達到一定面積時，就可以享有容積獎勵優惠，如果留在後方，優惠就打六折。透過這樣的規定，創造出大的街廓，並使空地集中留設，「這樣一來，設計跟都市景觀都會更加自由化，公共空間也相對增加。」

為了使這個優惠獎勵措施效果達最大化，在規則中還訂定，受到容積獎勵的空間不能圍起來，還要有牌子標明這是開放空間，可以提供大家使用。事實上，在這項規定實施後，台北市的建物的確有了許多不同的風貌，整體都市景觀也開始生動、活潑且友善了許多，如今這個規定已經實施近卅年，大家已認為這是理所當然的事，但是在卅年前，卻是一種有理想、有創意的主張。

另外，為能解決都市規畫缺乏專責單位的問題，黃南淵在副局長任內，也主持工務局的「工程規畫研究小組」，希望在公務體系還無法改變結構的現況下，仍有整體統籌規畫的制度，慢慢地使都市景觀規畫步上正軌。

幫航管鬆綁高度

因為這樣，日後才有一〇一大樓的出現

當時，所有的工程計畫都必須經由規畫小組開會討論，包括建國南北路、忠誠路的行道樹、

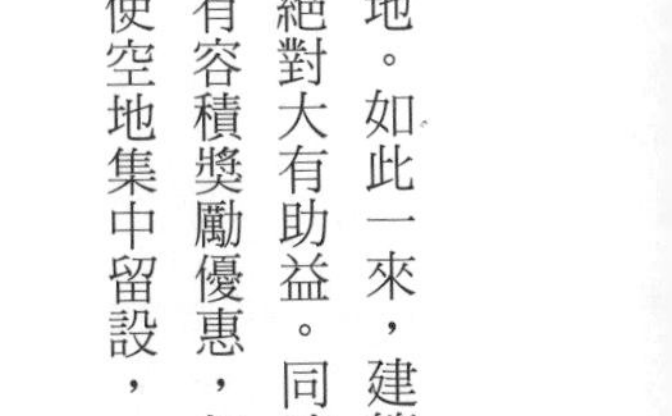
岳國介 攝影

把空地留設在建築物前方，且達到一定面積的建案，便可以享有容積獎勵優惠。

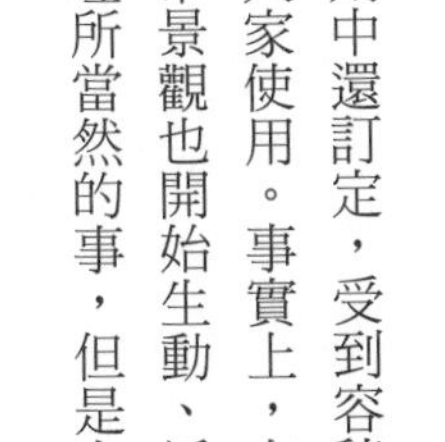

岳國介 攝影

受到容積獎勵的空間不能圍起來，還要有牌子標明這是開放空間，可以提供大家使用。

分隔島，以及公園的設計等等。其成員則包括工務局轄下每個處的總工程師和設計科科長，大家利用公務之餘，晚上吃便當開會討論，憑藉的只有對於城市規畫的熱情、專業和執行力。

在副局長任內，黃南淵還有另一個影響深遠的主張，他建議當時的市長李登輝先生，將松山機場的飛航管制高度放寬。原本法令規定，距離松山機場四公里之內，建築物高度不能超過四十五公尺，因為松山機場位於市中心偏北處，四公里的範圍幾乎涵蓋台北市的菁華區，所以這樣的規定對城市繁榮形成極大的限制。

黃南淵說，在當時無論香港或美國的幾個城市，都沒有這樣嚴格的規定，在機場附近還是可以有很高的建築物。所以，市長採納這樣的建議後送交行政院，行政院才委託美國的航空顧問公司進行研究。

因此，後來機場周圍限建的標準，放寬為三公里內不能興建超過六十公尺的建物，跟原本規定相較，等於增加了六層樓的高度；三公里以外則取消高度限制，因為取消了限制，日後才有一〇一大樓的出現。

過去，松山機場在台北市，對於都市發展有相當不利的影響；但是當標準放寬、合理之後，隨著政經情勢的改變，松山機場即將成為中國直航的重要航站，增加都市繁榮與競爭力的一大利多。惟松山機場存在之必要性影響台北市未來發展甚鉅，仍須從長計議。

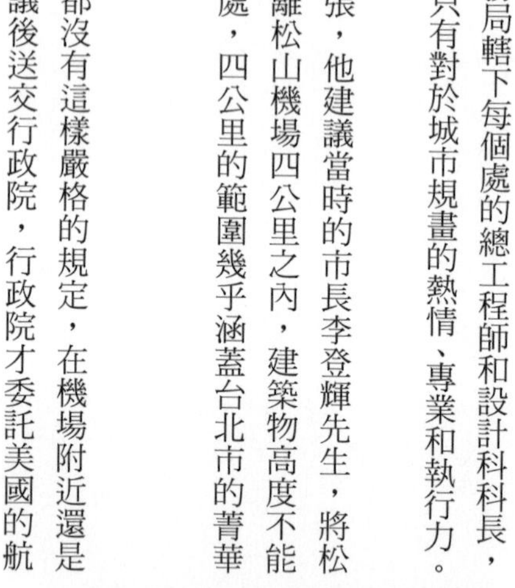

岳國介 攝影

松山機場存在之必要性影響台北市未來發展甚鉅，仍須從長計議。

館前路改徒步區

如果成功，從台北車站一出來就會有寬闊的園林步道一直通到新公園

擔任工務局副局長七年後，經歷市政府顧問及參事的職務，一九九〇年，黃南淵轉任副祕書長，主要負責經建部門局處間協調的工作，與相關問題的解決。擔任參事期間，市長許水德先生很想了解都市規畫的概況，於是黃南淵和幾位工務局同事開始合力撰寫《台北市未來都市發展芻議（一）》，在黃大洲先生接任市長、黃南淵轉任副祕書長後完成。

後來雖然沒有機會繼續寫第二部，但是這本書有不少極具前瞻性的建議，例如將館前路改為徒步區，「也就是台北火車站一出來，就有很寬闊的園林步道一直通到二二八公園。」黃南淵說，這樣的想法可行性很高，而且會徹底改變台北車站附近的景觀，可惜沒有機會付諸實現。

在中央研究院近代史研究所口述歷史《都市計畫前輩人物訪問紀錄》裡面，談到擔任台北市政府副祕書長的這段期間，明顯可以看出黃南淵從原本負責制訂法規與執行的身分，開始轉向市政建設整體規畫的協調與整合的工作，當然，已經不限於建築與都市計畫範圍。他說：「在我擔任副祕書長期間，協助市長處理不少有爭議性的問題，敦化南北路專用特定區的規畫、關渡平原的規畫、校園綠化的推動，以及像開闢七號公園（大安森林公園）、提供木柵線梁柱發生龜裂的補救問題、翡翠水庫的限建與補償等，遭遇民眾激烈抗爭的協調會的主持。」

在《都市計畫前輩人物訪問紀錄》一書中，黃南淵談到他從一個「建築與都市計畫者」轉向「協調與整合者」。

岳國介 攝影

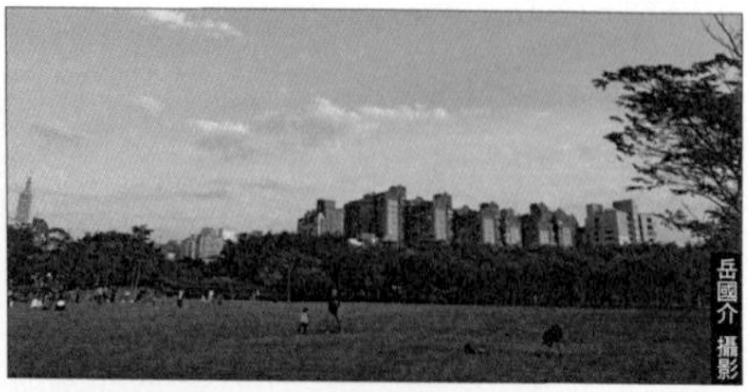

岳國介 攝影

岳國介 攝影

規畫關渡平原、推動校園綠化、開闢七號公園等工作，現在看起來都很理想，但當時卻花了不少協調的工夫。

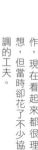

成立都市設計科

全台灣第一個，為建築死角改善與治理的問題找到專責窗口

當然，還有跟都市計畫、設計比較相關的貢獻，「我自己認為還有一個影響市長重要決策的，一個是土地分區使用的觀念問題，另一個是在我當時的大力主張之下，台北市成立了全台灣第一個都市設計科。此外，台北市也成立了都市設計審議委員會，成為整個台灣的一個示範，後來全國很多縣市都參照台北市成立都市設計審議委員會。

「都市設計科和都市規畫是有相當的差別，如果沒有都市設計科，就沒有一個承辦單位，來推動在都市建設上常被忽略的建築死角改善與治理的問題，也沒人處理都市設計的審議。因為都市設計牽涉許多問題，除了都市環境景觀的美化問題之外，還包括交通環境的改善、用途的調整使用、人民的權益以及實施策略的問題等。」

提出營建白皮書

把國家營建政策的藍圖與願景說清楚

在通過院轄市的溝通協調工作的歷練之後，一九九五年，也就是黃南淵的公務員生涯邁入第四十年之際，他接任了內政部營建署署長，成為全國營建政策的掌舵者。

負責政策，最重要是提供新的、前瞻的方向，並且找出啟動新事物的力量和方法。「在我的觀念裡，若要建立制度，就必須讓政策非常明確；要立法，建立制度才能推動，也才有效率，」黃南淵對於建築的使命感，始終未曾改變，「公務員必須有前瞻的視野，才會有所堅持。」

所以，上任第一天，他就提出兩大工作方向：「建立有效率的制度以加強國土保育利用」，以及「提升都市整體環境品質」；第五個月，他召開全國建築會議，分組討論；再過半年，召開「全國公園綠地會議」；在他就任第十四個月，提出《營建政策白皮書》，讓全國民眾都能清楚認識國家營建政策的藍圖與願景。

為了落實這樣的願景，黃南淵憑著在地方政府工作近四十年的經驗，開始著手推動法令之修訂及協調立法院加速審議的工作，包括：《公寓大廈管理條例》《都市更新條例》《營造業法》《新市鎮開發條例》《共同管道法》《建築容積移轉辦法》《都市計畫法》以及《建築法》的修訂等，都在他任內完成修訂或公布。等於在三年多之內，就完成一一九項法令的新訂或修訂，讓台灣的營建制度更加上軌道，更形完備。

同時，在通盤檢討都市計畫辦法中，比較創新的一點，是把「都市設計」的概念放進去，還增加一些強制性的規定。例如規定學校的大門口一定要退縮三公尺，並留出相當長度的等候空間，以避免家長接送學童時占用道路。甚至連學校的鄰棟間隔都有規定，以防止建築物蓋得太過緊密，影響學童的健康與安全。

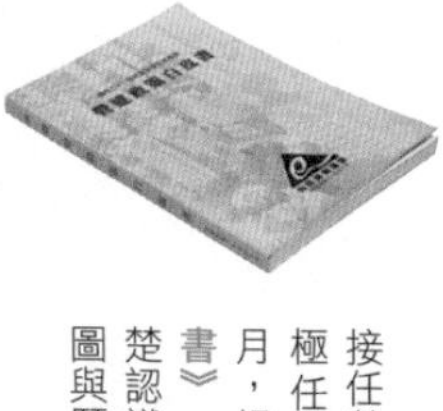

接任營建署長的黃南淵積極任事，就任第十四個月，提出《營建政策白皮書》，讓全國民眾都能清楚認識國家營建政策的藍圖與願景。

另外，還修訂了《非都市土地審議規範》，解除非都市土地的禁建，只要有十公頃以上土地，就可以變更土地使用，用來推動有限土地資源的集約使用和綜合使用的原則，准許大規模的土地綜合規畫為工廠、研究、辦公、商業服務以及住宅的複合使用，改變過去的土地使用觀念。

活用規範與法規

用「參與式審議」提高決策品質

但是，為什麼是採用「規範」而不訂「法規」呢？黃南淵說，「法規」的訂定曠日費時，來來回回要許多年；延請學者專家訂立「規範」，不但是學者專家們的共識，可以讓規畫者有所依據，更能夠依現實狀況彈性變更，讓審議者與規畫者的知識與經驗取得最佳成果。這是先進國家經常採用，兼具效率、彈性的制度。

但是這樣的概念在台灣，卻直到很晚期才開始。黃南淵檢視原因，是過去五十多年來，對於營建業的管理往往是懲罰式、防弊式的思維。這樣的管理文化，並沒有根除國民不守法的文化，反而必須依賴嚴厲的法律規範和眾多的執行取締人力，不僅造成許多不必要的資源浪費，更被批評公權力不彰。

所以，黃南淵建議，應該採取目標導向、功能性、獎勵性的立法觀念，多訂規範，少訂法規，用「參與式審議」提高決策品質，會讓政策更具有彈性，也更能發揮正面功能。

勤孵育工地主任

三、四年間，訓練出一萬名以上的工地品管生力軍

再者，他也全面推動「獎勵與評鑑」「訓練與再教育」制度，期盼透過提升營建從業人員的榮譽感，進而擁有敬業的態度，成為一種新的社會價值觀。

這也就是為什麼，在營建署長任內，黃南淵一再強調工地主任的重要性。

台灣的營建制度中，技師常常不負責工地的施工，營造廠的老闆也不負責任，所以整個工地責任歸屬變成是工地主任的監工。因此，營建署規定，規模大到一個程度以上的工地，一定要設有工地主任，同時在短短三、四年間，營建署開班訓練出一萬名以上的工地主任，而且每次開學及結業時，黃南淵一定親自到場鼓勵。

「我總是告訴他們，每一件事情如果都能夠腳踏實地去做，便可以創造新的文明。」黃南淵口中的「舊文明」，指的是馬馬虎虎、偷工減料，不重視工程品質。「如果這一萬多個工地主任都能夠腳踏實地，提升工程品質，就能把安全的問題、工地的各個細節都管理得很好，便可創造出講求安全與優美品質的新文明。」

新風貌創造城鄉

不僅增加地方就業機會，更深化台灣的在地競爭力

營建署長任內，黃南淵認為自己退休前最重要的努力，就是「創造城鄉新風貌」。這項計畫，其實一直到現在都還在持續發展中。當時營建署舉辦「魅力城鄉」的選拔，第一屆選出台東縣關山鎮、南投縣鹿谷鄉、屏東縣三地門鄉、台南市中區等地，獲選為全國最有魅力城鄉，以及自然景觀、文化景觀與人為景觀之首獎城鄉。而各縣市政府也因此開始注重各地的特色，由政府編列預算、擬定計畫，許多民間人士亦紛紛投入。

直到今日，幾乎各縣市都各自發展出吸引觀光客的特色，隨之而來的「魅力商圈」「魅力特產」……充分應用各地不同的特色，不僅打造出美麗的景色，增加地方就業機會，更深化了台灣的在地競爭力。

推動影響如此深遠的政策，黃南淵其實只是一本初衷，具體落實他對於改善城鄉景觀的理想與熱愛。「我其實是從非常基本的層面做起。」他為城鄉新風貌下的定義是：「創造具有文化、綠意、美質的新家園。」這三點可以說概括了良好環境的所有條件。

文化，包括在地文化、古蹟的保存、所有看得到的硬體建物，還有祖先留下來的傳說、風俗等。綠意則是自然生態的維護、大地的構造，或是美麗的風光。美質其實就是美感，要讓都市環境具有美感，所有的建築物、景觀都要有美感、有層次、有秩序、有內涵。

這個概念，其實正是黃南淵對於建築、營造和都市景觀的核心思維，直到如今未曾改變。今天從公職退休將近十年，他仍舊透過各種非政府組織發聲，呼籲政府和民眾必須正視生活環境與空間建設的重要性，這也正是他提出「建築美學經濟」的主因，因為，在全球化的時代，城市或國家的競爭力，絕對和環境空間的風貌有直接的關係。

關山親水公園、台南市中區，都是第一屆「魅力城鄉」選拔的得主。

岳國介 攝影

第六章／樹立標竿

6

「美學的意涵」是一種與生活價值契合的、豐富美好的內涵與時代精神，而且它的品質與美感能夠達到「最高境界的向度」。人們可以從中自然而然的感受到「美」這種喜悅、生動，充滿感動的內涵。也許，這就是「建築」與「美學」最大的交集，也是「建築美學」最顯著的特質。

建築美學到底是什麼？

要問這個問題，我們首先要問：「美學」是什麼？

面對這個形而上的問題，也許很難有一個放諸四海而皆準的答案，因為，有些美的事物是全球共通的；然而，又有些美的事物，是獨特於當地文化基礎上的。「美學」一語，目前已成為最夯的廣告詞，每一個人，對美學的內涵，都有自己的想像空間。

定義

一個具有美學的空間環境，必須……

一位哲學家描述得很好，他說，美學是「不言可喻的感動」。是一種「無法用言語完整描述，但是它在情感上的滿足卻非常飽滿」的體驗，但可以概括的說「美學的意涵」是一種與生活價值契合的、豐富美好的內涵與時代精神，而且它的品質與美感能夠達到「最高境界的向度」。人們可以從中自然而然的感受到「美」這種喜悅、生動，充滿感動的內涵。也許，這就是「建築」與「美學」最大的交集，也是「建築美學」最顯著的特質。人們會記得巴特農神殿、羅浮宮、廊香教堂、米拉公寓這些經典的建築作品，他們也許無法道盡美在哪裡，

巴特農神殿 Parthenon，古希臘雅典娜女神的神廟，位於希臘雅典市近郊的衛城，西元前四四七年為慶祝對抗波斯侵略者勝利而建。（接下頁）

我們也許沒辦法說清楚巴特農神殿、羅浮宮、廊香教堂、米拉公寓美在哪裡，卻不由自主會被它們震懾、感動。

但是一百年、兩百年過去，這些經典仍然不會被忘記，相同的震撼，仍然感動著每一雙看見的眼睛。

因此，面對「建築美學到底是什麼？」這個問題，我們可以從「建築是生活的容器，是涵蓋硬體與軟體、理性與感性面的綜合體生活美學空間」加以詮釋，依黃南淵所提倡的詮釋，建築美學代表的是一種價值觀。一個具有美學的空間環境，既要能滿足過去的美學意涵（真善美），也能夠滿足現代的實際需求（低碳、綠能……），而且還必須結合人文、科技、藝術與自然力所展現的生活內涵與生命力。

勾畫

從建築的四個面向，看美學的完整圖像

在這個議題上，我們可以回到建築的本身：「根基」「結構」「量體」「城市價值」，從這四個面向，也許能夠看見答案完整的圖像。

第一個面向——根基

建築首重「根基」，越高的大樓，需要越深越扎實的地基。

從黃南淵第一次公費前往日本，看到大阪的新市鎮計畫——千里新鎮後，日本深思熟慮的

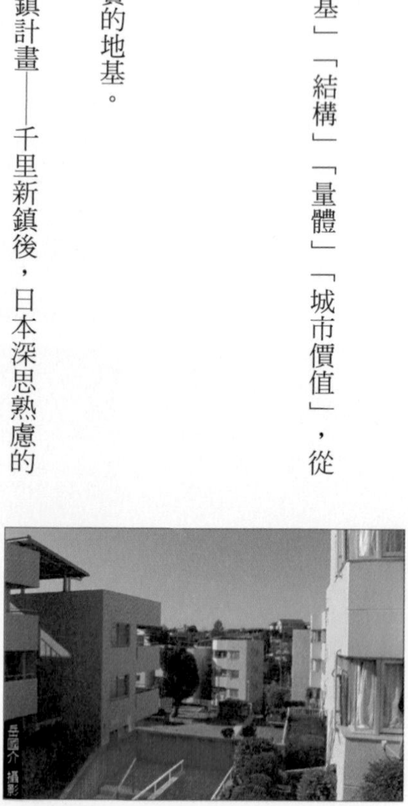

千里新市鎮的先行經驗，對《台北市土地使用分區管制規則》的制定提供很好的啟發。

新市鎮計畫，在他的視野和思維裡便造成了無比劇烈的衝擊。此行之後，他隨即把當時日本最新的規畫概念引進台灣，在參與草擬的《都市計畫法台北市施行細則》以及《台北市土地使用分區管制規則》中體現。事實上，這兩個分別於民國六十五年及七十二年通過實

一般公認巴特農神殿是現存至今最重要的古典希臘時代的建築物，神殿正立面的各種比例尺度一直被做為古典建築的典範，柱式比例和諧，視覺校正技術運用純熟，山花雕刻豐富華美，雕像裝飾也被譽為古希臘藝術的巔峰之作。整個建築既莊嚴肅穆又不失精美。被美術史家稱為「人類文化的最高表徵」「世界美術的王冠」。

羅浮宮　Musée du Louvre，位於法國巴黎市中心的塞納河邊。始建於十二世紀末，曾經是防禦性城堡、王宮，一七九三年正式成為博物館，收藏藝術精品三萬五千件，包括達文西的《蒙娜麗莎》、古希臘雕像《米洛的維納斯》《薩莫特拉斯的勝利女神》等，是全球最頂尖的博物館之一。一九八九年為紀念法國大革命兩百周年，委託華裔建築家貝聿銘主持擴建工程，玻璃金字塔成為它新的入口處。

廊香教堂　Chapelle Notre-Dame-du-Haut de Ronchamp，位於法國東部的廊香鎮，一座羅馬天主教聖母朝聖小聖堂，由瑞士建築大師柯比意（Le Corbusier）於一九五四年完成。被認為是柯比意最傑出的經典作品之一，也是廿世紀教堂建築的重要典範、建築人的朝聖名所。

柯比意設計這座教堂時，完全顛覆他過去幾乎方整的建築造型，大膽採用了不規則的自由曲度與雕塑性美感來表現，外型像合掌祈禱的雙手、起航遠颺的大輪船、優遊的水鴨、典雅的修女帽子、或像齜牙微笑的祭司，可莊嚴可幽默。而他在這座教堂所作的光線處理尤其令人驚豔；日本建築鉅子安藤忠雄描述他第一次站在這座教堂裡的強烈感受時就說道：「在那裡向我襲擊的，是來自四面八方、摑打著我的軀體的，充滿了劇烈暴力的光線。」

米拉公寓　Casa Milà，西班牙現代主義建築名家安東尼高第（Antoni Gaudí）的代表作之一，坐落在西班牙巴塞隆納市區的格拉西亞大道（Passeig de Gràcia）上，佔地一三二三平方公尺，有卅三個陽台、一五〇扇窗戶、三個採光中庭；六層住宅，一層閣樓和一個地下停車場；共有三個立面；兩個正門入口。

一九〇六年，高第接受富豪佩雷米拉（Pere Milà）的委託，設計了這棟私人住宅絕響之作。他用白色的石材砌出外牆，扭曲迴繞的鐵條和鐵板構成陽台欄杆，再加上寬大的窗戶，完全打破垂直水平的方正造型，組成波浪形的外觀，成為後來一些同樣具有「生物形態主義風格」建築（包括廊香教堂在內）的先驅。

米拉公寓建築物本身的重量完全由柱子來承受，不論是內牆、外牆，都不承受建築本身的重量，所以內部的住宅可以隨意隔間改建，也不用怕房子塌下來，而且可以設計出更寬大的窗戶，保證每間住戶的採光。

一九八四年，米拉公寓和幾個高第設計的建築同時被聯合國教科文組織列入世界文化遺產名錄。一九八六年後，被Caixa de Catalunya銀行買下來並投注巨資整修，現在的一樓是銀行的基金會舉辦免費展覽的場地，民眾可以進出欣賞內部設計，公寓最高的三層樓——六樓、頂樓和屋頂陽台也開放付費參觀。

施的法令，即為台北未來的城市景觀發展，奠定了一個開發中城市的重要根基。從當時算起，他透過立法與新思維，來耕耘台灣這片土地的時間，已經超過四十年。

二○○八年，黃南淵開始大力倡導「建築美學經濟」的理念，他希望以「建築」＋「美學經濟」的理念，追求建築的核心價值。

第二個面向——結構

建築美學的論述一如建築的「結構」，不能只是畫畫草圖，紙上談兵；必須經過精準的系統計畫，才能成就一個理性與感性並具的完美結構。從西門町獅子林廣場及徒步區、遍及全台的城鄉新風貌，到參與信義副都心計畫，他與時俱進，再再創造經典的「結構」思維，不只讓台灣形成了許多獨特的風貌，更為建築美學的文化深度與經濟廣度，建立了經得起未來考驗的新思維。

第三個面向——量體

近代建築宗師之一，對現代城市建築影響甚鉅的柯比意，對建築物的「量體」就非常重視。建築美學的量體是什麼呢？黃南淵的詮釋是：「一種能夠提供人們享受、感動、喜悅與生命力的生活美學空間」。

因為建築美學不是純粹的藝術，它必須具備一種「機能」，也就是必須符合人們感官上與心靈上的需求才有價值。因此，建築美學所追求的價值，便是在建築物所形成的量體內外，展現出生活美學的內涵。

第四個面向——城市價值

建築美學經濟，到底能為我們帶來多少「城市價值」？

這個問題沒有標準答案，因為價值必須與人有所互動才能衡量。相同的，具備了建築美學的根基、結構與量體，人在其間開始互動的時候，建築提供的空間享受，便會在人的生活中開始產生，這種價值，就是建築美學經濟的價值。

柯比意 Le Corbusier，現代建築史上的傳奇人物。他一生在建築與美學上涉獵幅度之廣、影響之大，很少有建築師能出其右。一九二〇年代鼓吹純粹主義藝術到機能主義運動，二次大戰後開始趨向於粗獷主義及結構主義，許多重量級建築大師如貝聿銘、安藤忠雄等人都受因他而獲得啟蒙。此外，柯比意還對都市計畫率先提出「高層建築」和「立體交叉」的設想，極有遠見與卓識，一九二〇年代至六〇年代約半個世紀的現代建築發展，都跟他有密不可分的關係。

柯比意在一八八七年生於瑞士西北靠近法國邊界的小鎮，一九一七年後定居法國巴黎，一九二六年提出著名的「新建築五要點」，二次大戰後避居鄉間，後來又到印度和非洲工作，一九六五年逝世。

他的設計經常引起很大的爭議，廊香教堂的怪異外觀令守舊派異常憤怒，但被革新派奉為經典。他為日內瓦國際聯盟總部設計的方案引起評審團長時間的爭論，最後由政治家裁決否定。他的馬賽公寓被法國風景保護協會提出控告，到後來又成為當地的名勝。他為阿爾及爾市做的規畫和建築設計被市政當局否決，但後來其中的逐層後退設計方法卻被許多非洲和中東的沿海國家採納。在許多領域裡，他都是極有遠見與卓識的先行者。

建築美學可以為城市帶來多少經濟價值呢？放眼世界，你可以找到不同形貌的答案；你可以看看巴黎的羅浮宮、羅馬的聖彼得大教堂、雪梨歌劇院，以及東京的中城。不同的時代，不同的大城，但是建築美學所能創造的城市價值，卻是無庸置疑的。

尋根

建築美學經濟的磐石就是——人

地基之所以要打得深，是因為根基要立在磐石上，建築才得以穩固的向天伸展。

對於建築美學經濟來說，這個磐石是什麼呢？毫無疑問的，這個磐石就是「人」。

世界上每一個建築物的建立，目的都只有一個——為了「人」，為了人的存在、連結以及使用空間的目的，提供不同的機能。

舉一個實際的例子，比如說一樣是博物館，需要寬敞開闊的空間。有的博物館你走進去覺得空間尺度很親切，有的卻覺得空曠而荒涼。親切和空曠只是很細微的差別，但是，只差一點點，給人的感覺就截然不同。

所以，什麼樣的建築方法才能準確傳達設計者的理念，引起使用者情感的共鳴呢？方法只有一個，就是一開始設計的時候，就從「人」（使用者）的角度開始思考。

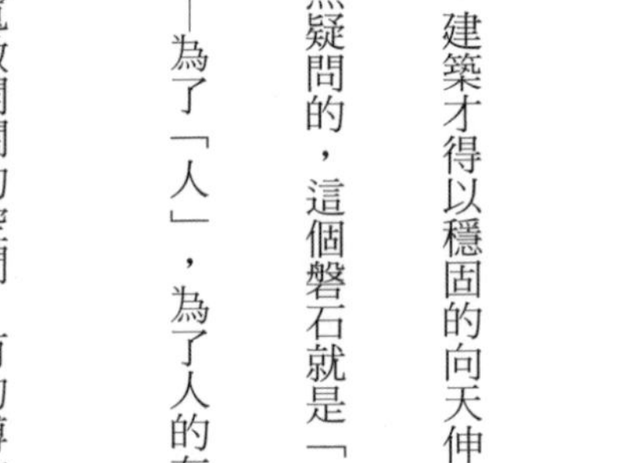
林芳怡 攝影

雪梨歌劇院和東京中城建造於不同時期、不同地點，但它們創造的城市價值，卻一樣無庸置疑。

岳國介 攝影

根據黃南淵的長期觀察，日本對於建築美學的觀念，自古即有獨特的生活文化特色與演進。現在，日本的建築設計力高居亞洲之冠，而日本人是怎麼思考建築這件事呢？他們首重的，就是建築與人的關係。

建築語彙裡有一個專有名詞，叫做「模矩」（module coordination），以工業生產為例，一般係以十公分為基數，日本人則以六尺（將近一八二公分）做為一個基本的建築空間尺度單位。為什麼會產生這樣的一個數字？日本建築師的考慮是，很早以前，日本人的平均身高是一六二公分，把手伸直之後，平均高度是一八〇公分，以日本尺來計算，一尺是三〇・四八公分，六尺就是一八二公分左右，所以就形成了這個基本的尺度。從這個尺度上，再去發展空間的語彙，形塑不一樣的美感；日本空間的美感，就是這樣形成的。

這代表一個含意：建築空間的高度，是以人的高度來訂定，用這種方法訂出長寬高的基本尺度（basic scale），就是一種符合人體工學的空間尺度需求，空間的秩序就如此產生了。

這種空間的秩序不只是理性，也包括了感性，從這種建築裡你可以清楚的看見，設計者考量到人的感性需求空間，這種包含了感性的理性，事實上，形成了一種更深層的理性。

巴特農神殿就是一個很好的例子。我們很難想像一個到現在只剩下斷垣殘壁，這麼古老的建築物，卻仍然影響兩千年後每一個學建築的人。每年去希臘觀賞這座神殿的觀光客不計其數，他們不是因為認同希臘人的宗教，才前往那座「神殿」；他們是驚嘆於那個「建築」，以及當年古希臘建築師的思維與努力。巴特農神殿的魅力在於，它的結構在理性上看起來是最簡單的柱梁結構，但是在感性上，儘管現在失去了所有的裝飾與功能，卻仍然呈現出超越當代的美感體驗。

被建築名家伊東豊雄啟蒙，與多位日本知名建築師合作的結構技師，任教於日本法政大學建築學科的佐佐木睦朗教授，曾經撰寫過一篇專文研究巴特農神殿的結構，文中提到神殿立面的八根柱子看起來筆直而雄偉，這種空間的秩序，是經過精密幾何學計算的結果：

看似平坦的地面，是從中心點向兩側微微傾斜；柱體的本身上窄下寬，而且中間的寬度超過上下兩端；最令人驚訝的是，看似筆直的柱子，竟以七公分的內縮，微微向內傾斜站立。

就是這些細微的修正，使得原本在視覺上會產生的膨脹錯覺，竟然完全不存在。這，就是一種考量了人的視覺，包含了感性的理性。

那麼，為了視覺上好看所做的這些調整，對於結構強度有沒有影響呢？會不會動搖它的堅固程度呢？西元前四百多年建造的神殿至今依然聳立，證明了它的結構經得起時間的考驗。今天，古希臘人的宗教早已逝去，但這個建築物卻仍然佇立在雅典衛城，這證明了真正深層的理性，不僅在建築的理性（結構強度）上屹立不搖，而且在感性所創造的空間秩序上，一樣產生了超越當代的影響力。

這就是包含了感性、以人為出發點的一種更深層的理性；當然，我們也可以從另外一個角度——美學來看，真正感動人心的，是一種包含了理性的感性之美。

溯源

建築美學經濟的起源就在——生活

回到台灣，這個我們居住與生活的環境。

一般人談到建築美學時，很容易有一種誤解，就是只有當代的偉大建築，才與美學有關，事實上，建築美學是生活美學的一種具體化呈現，是一種概念的落實，它不是高高在上與人充滿距離，它應該存在於我們的生活周遭，內化成我們文化價值觀的一部分。

從這個角度來看，對於台灣的建築而言，我們現在最欠缺的是什麼？黃南淵認為，建築美學的基本精神，也是目前我們所缺乏的，就是和諧生動的空間品質。想知道我們需要什麼，

伊東豊雄　日本當代建築師，一九四一年出生，一九八四年以「笠間的家」獲日本建築家協會新人獎。二〇〇二年以「仙台媒體中心」獲得威尼斯建築雙年展的終身成就金獅獎。伊東豊雄將自己的建築理念透過「游牧」（nomad）的概念不斷發揮。早期的作品帶有現代主義理性的線條，後期凸顯大量的玻璃穿透效果，近幾年則趨向跟大自然的融合，風格相當突出。在台灣，伊東豊雄可說是僅次於安藤忠雄，最受台灣建築人與建築美學愛好者歡迎的當代日本建築名家，已經落成的高雄市世運會主場館，以及進行中的台大社會科學院新館、台中市大都會歌劇院都是他的傑作。

就要先知道我們缺乏什麼，我們現在正處於需要觀念啟蒙、全民普及的階段。

一定要計較鄰棟間隔

舉一個與每個人都相關的例子：閉上眼睛，在你的印象裡面，城市裡的住宅大樓呈現什麼樣的形貌？

我們通常想到的都是，兩棟大樓排排站在一起，大樓很高，大樓前後棟中間的距離（鄰棟間隔）很窄。這種普遍的規畫設計，抹殺了許多建築美學的可能。

這種建築型態會普遍出現在我們的城市裡，除了立法與執法部門的觀念必須進步之外，建築業者的心態也很重要。我們不能為了獲利，就一味求取最大容積率，在一塊小小的基地上硬塞兩棟大樓進去，法令允許蓋多高就盡量蓋那麼高，鄰棟間隔能縮多短就縮那麼短；雖然說計算經濟利益時一定會在乎戶數之多寡，但是建築是生活的硬體，生活是建築的軟體，特別是住宅，不能只求最大獲利而忽略了在裡面生活的，人的需求。

基本上，鄰棟間隔不夠寬，陽光和視野（view）就被鄰棟大樓擋住，從客廳的窗外望去，天空根本看不見，但是鄰棟住家的樓上樓下，卻做什麼都看得一清二楚，這樣的話，生活隱私的基本權利就失去了；甚至有些大樓隔音不好，隔壁電視在演什麼都聽得很清楚；且過短的鄰棟間隔所產生的壓迫感，不但容易讓人感到不安，即使外面有涼風吹來，也吹不

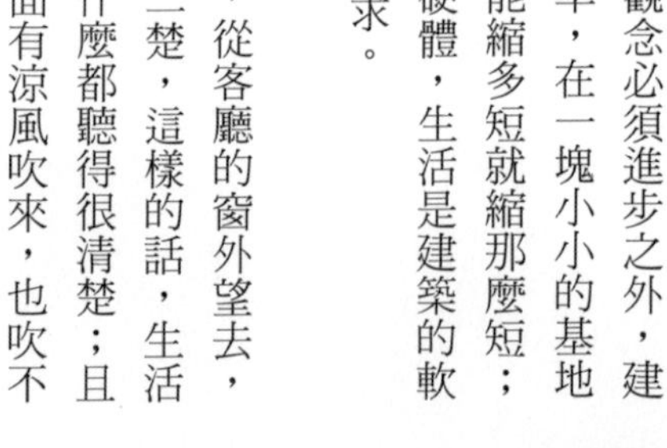

窄小的鄰棟間隔，抹殺了許多建築發揮美學力量的可能。

進室內，只好開著冷氣過日子。

一定要講究採光、日照與通風

為什麼鄰棟間隔不夠寬，是這麼嚴重的一個問題？

因為鄰棟間隔的寬窄，是影響「採光」「日照」和「通風」的最大關鍵。

這三個要素構成最基本的居住品質，卻也最普遍為大家所忽略。輕視這三個要素，就很容易形成不健康的環境。一個坐北朝南，又具有足夠鄰棟間隔的住宅，按照黃南淵的形容，「不只在冬天擁有溫暖的陽光，更可以每天享受晨昏徐徐涼風的吹拂」，這樣的住宅不僅不必過度依賴空調設備，更能夠擁有健康、舒適的居住品質。現在全球越來越重視「生態都市」的概念，而想要達到這樣的目標，條件其實是很基本的，但若缺乏完善的規畫，放任住宅區競相往「超高容積率」發展，很容易成為未來都市生活的夢魘。

陽光從窗外灑進室內，才是真正的日照。

許多人以為，採光與日照是一樣的，但是其實兩者之間差別很大。窗戶打開，有自然光進入屋內，那只是採光；陽光從窗外灑進室內，才是真正的日照。有一句話說：「陽光不進來，醫生就會來」。指的就是日照對於居住健康的重要性。日本建築法規要求與健康息息相關的日照時間，每天平均要有四小時，但台灣的要求僅僅一小時，而且還不是採取「冬至中午一小時」的方法計算，沒有足夠的鄰棟間隔，陽光根本不可能灑進屋內來。

通風方面，鄰棟間隔如果太小，自然風只能從兩棟樓中間最高層的地方點水而過，由於下面的樓層缺乏自然通風，所以特別容易覺得悶熱，造成的結果，就是家家戶戶開冷氣，而冷氣壓縮機把熱風都往外面的巷道排放，讓已經顯得狹窄的巷道（鄰棟間隔）更熱。沒有良好考慮鄰棟間隔的建築，不僅讓住戶每個月都增加電費開銷，對整體環境而言，也增加許多二氧化碳的排放。

足夠的鄰棟間隔，需要建築物高度的一・五倍。這樣，自然風才可以自然流動在每一層，也才能夠擁有足夠的採光與日照。台灣地小人稠，是一種高密度的居住型態。但越是高密度的建築發展，就越要就建築的方位配置、鄰棟間隔、視野的開闊性等因素加以考量決定。環顧亞洲其他城市，香港、東京，甚至北京，一樣都是高密度的發展，但是它們在這些方面的考量與成就是有目共睹的，儘管法令比我國嚴格，但建築師與建築業都有一份使命感，不會嫌它們綁手綁腳。

同樣位於亞洲的日本，同樣有著人口密度較高的問題，面對住的基本需求，日本人怎麼去處理這個問題呢？一九六七年，黃南淵第一次赴日研究的時候，當時正值大阪市一個新市鎮建設計畫開發完成，名叫「千里新鎮」。這個四十年前完成的新市鎮建設案，他們的關心首重密度、公共設施服務水準、人口與開放空間的比例，並以此來制訂他們的都市計畫。所以，在這個土地面積三千公頃，僅計畫要容納廿五萬人的新市鎮裡，他們先把興建起來的住宅規畫成不同的鄰里單位（neighborhood unit），然後在幾個鄰里單位中間配置一個社區中心（community center），集合幾個社區就成為一個新市鎮（town），空間的秩序一如日本給人的印象——規畫縝密，井井有條。

創造
超過十五個台積電盈餘總和的經濟價值

把眼光轉到法國。去過巴黎的人，一定都對新舊凱旋門記憶深刻，而視覺上最大的震撼與感動，就是只要站在勝利大道上，就可以看見新舊凱旋門相互遙望，中間完全沒有任何高樓阻礙視線；存留在地面上的，只有一個視野遼闊、設計完善、適時隨音樂起舞的水舞廣場。

這就是所謂的「視覺走廊」。

法國人對於城市景觀品質的重視程度有多高，從這條視覺走廊的刻意經營就可以推想。他們在新凱旋門所在的副都心計畫中規定，任何建築物如果要興建在新舊凱旋門中間，設計者就必須在不阻礙視覺走廊的前提下，決定新建物的位置與高度；因此，就連位於新凱旋門的副都心車站，也全部建築在地面以下。

我們很難想像，巴黎市政府與建築業者必須有多大的決心，才能維持這一條視覺走廊！從這樣一個小小的地方，就可以想像整個巴黎對於建築美學要擁有何種認識與堅持，才能造就如此令人驚豔的城市景觀，成為全球最具建築美學價

從巴黎舊凱旋門方向往新凱旋門望去，中間完全沒有任何高樓擋住視線，視覺毫無障礙。

值的指標城市之一。

建築大師密斯有一句影響建築設計極深的設計準則，叫做「Less is more」，巴黎新舊凱旋門之間的留白，也許與原意不同，但做了近似而完美的演繹。

看到這裡，也許不少人覺得這樣的堅持已經近乎偏執，對於建築美學，有必要如此重視嗎？這樣到底可以創造多少經濟價值？這樣的論辯，一直在「經濟發展」與「文化資產」兩種觀點中拉鋸。

這個問題可以被討論的層面很廣，但是從建築美學經濟的觀點來看，有一個數字，可以讓我們看見這種堅持的影響力。

我們的政府一直在提倡觀光產業，經年累月的努力之下，現在一年有多少觀光客來台灣呢？統計資料顯示，至二〇〇八年底，還沒有任何一年的全年觀光客人數突破三八五萬人；而法國呢？光是二〇〇六年，全年觀光客人數就突破了七九一〇萬，當年度為法國挹注的民間

巴黎靠著建築美學，賺了超過十五個台積電年度盈餘總和的觀光財。

收入有多少呢？答案是四六三億美元，超過一兆五千億台幣。

台積電一年可以賺多少錢？根據二〇〇八年的財報，台積電的整年盈餘是九九九・三億台幣，換算過來，法國一年的觀光收入，超過十五個台積電的盈餘總和。

從建築產業的角度來看，建築只是一個內需市場，是關起門的家務事；然而，如果從文化創意產業的角度來看，建築美學就是城市的國際競爭力，一種打開門賺觀光財的經濟實力，法國沒有台積電奈米製程的高科技，但是靠著建築美學經濟，每年能夠注入十五倍台積電盈餘的觀光收入，藏富於民。現在正逢開放中國旅客來台觀光的關鍵時刻，建築業該扮演什麼角色？這是一個值得深思以及自我期許的課題。

重點項目

公共空間、開放空間與景觀品質

鄰里中心的規畫，就在提供居民有一個休憩、聚會、社交的場所。所以在日本每個住宅區社區裡，一定有兩種性質的店鋪存在，一種是販賣生活用品的便利店，另一種就是女性美容院，而且常常獨立設置在小小的開放空間旁。這樣的設計非常貼近日本媽媽的需求，當她們來洗頭或是買東西的時候，不必擔心孩子應該怎麼辦，因為中心前面的開放小廣場，提供給孩子一個遊玩嬉戲的安全空間。

岳國介 攝影

岳國介 攝影

在日本每個住宅區社區裡，一定有便利店與美容院，這就是因應鄰里生活需求而產生的建築空間。

因為購買生活用品以及媽媽們的洗頭剪髮，是家庭生活中的基本需要，所以當鄰里中心設立了這樣的店鋪時，居民間的交流，也就自然而然的開啟。這樣的規畫，讓社區的空間品質顯得和諧又舒暢，也讓公共空間互補了私人空間以外的功能，自然而然的成為居民生活中的一部分。

這種鄰里單位的做法，被英國人最先採用。黃南淵進一步說明，以居住一至二萬人為一個unit，規畫成一個鄰里單位，每個單位裡都有自己的小學、公園，以及小型的商業中心。幾個鄰里中心合起來以後，大約有四到五萬人，就成為一個社區（community，大小相當於台灣的鄉鎮），每個社區都有自己的社區中心，其中最重要的是商業中心，居民的商業行為可以在這裡進行。這種規畫最大的好處是，可以把住家空間與餐廳、店家等商業空間隔開，維持單純的居住品質；而購物、餐廳，以及生活所需的商業功能，又在離家很近的地方就可以得到滿足。

反觀台灣，大部分的餐廳和商店，都位於住宅大樓的一樓，不管是油煙或是嘈雜，都對住戶居住上的安寧造成很大的妨礙。但歐美國家卻通常都採取將住商分離，做為建構和諧的社區發展模式。有很多達到一定規模的集合住宅，都會規畫一個獨立的空間做為商店區，提供咖啡館、小餐廳、以及販賣生活用品的商鋪進駐。把商店集中在住宅大樓之外的設計，不僅可以便利住戶的使用，又可以避免對於居住安寧的影響。這樣的觀念，四十年前的日本新市鎮計畫就已經開始執行了。而台灣呢？黃南淵負責興建的淡海新市鎮六大棟住宅群之基地，就引用這樣的規畫理念，把住宅與商業空間分開，獨立興建兩層樓的小型店鋪，

商店在住家樓下，雖然方便，卻難免對居住安寧造成妨礙。

提供社區所需的商業功能。

黃南淵分析說，北京市中心著名的新興商業區「建外SOHO」，也採用了這樣的規畫概念，在十幾棟高層集合住宅辦公樓之中，所有的餐廳和店鋪都只蓋三樓，而且集中規畫，錯落在高樓中間。由於擁有足夠的鄰棟間隔、良好的公共空間規畫，這些三層樓的商業空間錯落在建外SOHO的建築群裡，便顯得高低有致，其旁並配置小型廣場、公園，增加了整個商業區生動活潑的人文氣氛。

「從這裡，其實我們看見的，是公共空間（open space）的重要性。」黃南淵指出。我們的城市之所以給人一種擁擠的感受，是因為我們法定的公園綠地開放空間比例只有一〇%。如果要讓人感覺舒適與適意感（amenity），需要多大的公共空間呢？根據一份文獻報告，讓人感受到舒適的公共空間比例，開放空間（綠地）必須達到三分之一。也就是說，要達到理想的城市景觀品質，這裡面還有二〇%的空間是值得我們努力的（而令人憂心的是，現今台灣的市鎮計畫，一直在縮小僅有一〇%的法定開放空間比例）。

想一想，為什麼大安森林公園或是國父紀念館周邊的地價，就是要比其他的地區高呢？一般人的答案會說，那裡的生活品質比較好，但是細究這個答案的背後，是什麼原因形塑了「生活品質比較好」的感受呢？其實指的就是公共空間，具有足夠大片綠地與自然環境的開放空間，會在人心中自然產生一種休憩、舒適的感覺，從過去到現在，人心裡一直都有這種追求自然的感動，這就是舒暢又生動的空間品質，越是追求建築美學的價值，就越要

北京「**建外SOHO**」社區將低樓層商店規畫在高樓林立的社區之中，既方便，又適意。

生活品質造就大安森林公園周邊的高地價。

顧念這種人性需求。

景觀品質的雜亂，也是台灣的城市無法躋身世界一流的原因。首先，大部分的建築不僅缺乏特色，缺乏應與環境友善共存的認知，也缺乏需要與周遭建築物所共同構築的空間品質之和諧度。因此，長年累積下來，天際線和城市景觀品質，自然就呈現出一種沒有秩序的紊亂，單調的風貌。

無論是一般的視覺景觀環境、街道或天際線，若要創造優美的景觀，我們一定得學會「建立尊重周遭環境」的文化。在空間尺度上的比例關係、鄰棟間隔的適當保持、綠意環境的塑造、都市紋理的融入、文化景觀的延續等，都是減低空間壓迫感、形塑都市豐富表情與整體美感的重要關鍵。

必要條件

建築美學的根基，從「機能美學」開始

縱使變化萬千，但是論到建築美學的根基，萬變不離其宗的基本精神，就是「機能的美學」。

北歐工業設計界有一句名言，說明了美學與機能之間的關係。這句話是說，如果不能創造功能（滿足生活所需），那麼就算再好看，也不算是一個好設計；所謂「沒有機能之美，就不能算美，即印證了建築大師萊特的名言「形隨機能而生」（form follows function）。

簡單來說，建築是為了人而存在，因此，建築的設計，必須優先構思良善的使用機能，以符合使用上的便利與效率。也就是說，蘊含了機能的考量，再創造結構與量體，這就是一種機能的美學。

建築美學不是豪宅的專利，建築美學所講求的是非常生活化、非常人性化的健康環境。

樓梯的機能美學

以樓梯為例：每個建築物都有樓梯，但什麼樣的樓梯，才算是好設計、才能夠符合生活的需要，創造機能的美學呢？

現代大樓都有電梯，長期以來，樓梯已經不被建築師重視，常被視為聊備一格的設計。但是走樓梯不但是人的基本需求，更是落實節能減碳的重要環保行動，相反的是，現在一般的辦公大樓往往不重視樓梯之便利性，位置偏於一隅，既不易找又不便通行，以至於從大門口進來，必須三轉四轉才能找到，人們自然就放棄走樓梯而選擇使用電梯；而且，樓梯通常只有一邊有扶手，忽略上下樓梯的老人和小孩在使用上的安全問題。

從這樣的觀點切入，如果你觀察到一些捷運站，它們的樓梯以大約十階為一個單位，走到大約十階的地方，就會有一個比較寬敞的平台，提供老人家可以停步休息一下，歇歇腿再往上爬，這就可以看出設計者的用心。

許多捷運站的樓梯多有貼心的緩衝平台，讓老人或體能不佳者可以歇歇腿再前進。

岳國介 攝影

節能減碳是綠建築的重要價值，如果人人多走樓梯，少坐電梯，將會為環境保護帶來卓越的成效。因此，樓梯的設計就要更人性化，要更便利使用，讓人願意走樓梯來取代使用電梯。就像台達電的南科大樓，他們把樓梯設計在進出最頻繁而顯目的位置，透過空間動線，創造大家使用樓梯的意願，這不僅符合了綠建築「使人更健康」的宗旨，更透過建築的設計，讓節能減碳在生活中落實，省下可觀的電費。

浴廁的機能美學

以住宅裡面都必須具備的功能性空間——浴廁為例，也值得我們重新思考。浴廁的空間設計要明亮，要重視採光與通風，才能達到舒緩身心的效果。

浴室通常也是廁所，如果缺乏建築美學的思考，廁所給人的印象就是臭、黑暗、狹窄，但我們的設計者仍普遍將浴廁設置在房屋中間，試問這樣的一個空間，怎麼能夠讓人感受到舒適而愉悅呢？

目前，台灣一般浴廁的設計，尚存在太多改善空間。台灣曾經召開過「世界廁所高峰論壇」，在研討會議上，有位英國的女性學

要大家多走樓梯，透過建築設計將樓梯設在顯目的位置，比勸導還更有效。

者說了一句發人深省的話，她說：「浴廁品質的良窳，代表國家文化層次的高低。」（A nation is judged by its toilet.）

文化層次越高，就會越重視浴廁空間給人的感受。在很久以前，日本的百貨公司，就以高品質的廁所空間作為賣點，吸引女性顧客上門。廁所的空間不但色彩繽紛，附設梳妝台與坐椅，營造溫馨的空間氛圍，讓顧客可以在裡面補妝，甚至空間大到可以一邊化妝一邊跟朋友愉快聊天。

的確，廁所在英文中被稱為 restroom，這表示廁所真正應該提供的功能是 rest，是讓使用者放鬆、休息、覺得舒服的地方。

從公共廁所的設計，就可以看出一個國家的文化水準。「公共廁所不應該被放在角落、幽暗、通風不良之處，」黃南淵強調說：「公共廁所，應該被設計成整體景觀的一部分！」

此外，盥洗室的抽風口，通常都被統一安裝在天花板上，但是，如果把抽風機的位置，設置在與馬桶等高的後方牆上，讓臭氣在一開始產生的時候就被抽風機抽走，而不是經過人的鼻子，集中到人頭頂上的位置排出去。像這樣細密顧慮到人性化需求的設計，也許並不顯眼，但是對於生活品質提升所做的努力，就是建築美學的精神所在。從這個例子也可以看出來，這些細密的考量並不會多花錢，只要在設計的時候改變一下想法，就創造了更多滿足生活所需的機能，就是建築美學設計。

浴廁的空間明亮，重視採光與通風，更能達到舒緩身心的效果。

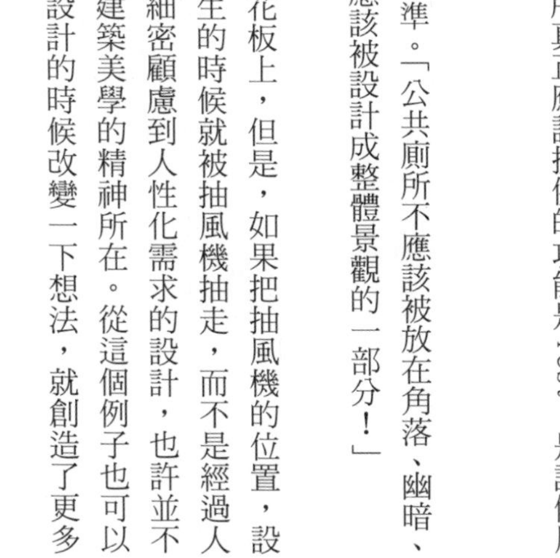

日本許多百貨公司或美術館的女廁所，空間乾淨爽朗、寬敞溫馨。

公共廁所也是整體景觀的一部分。

游泳池的機能美學

同樣的，游泳池設計也是一個很好的例子。現在很普遍的室內游泳池，往往因為空間密閉，空氣潮溼不流通，呼吸困難，還滿是氯的味道，讓人望之卻步；排氣與通風是如此重要，卻又如此容易被忽略。所以，一個好的游泳池，不在於是否使用華貴的建材，而在於是否能夠針對目前產生的問題，提出更令人滿意的答案。

一個好的游泳池設計，是要把環保永續與人性化的機能改進結合，來讓人有更好的游泳體驗。例如，在游泳池的上方做出數個空氣對流的甬道氣窗，把氯氣與溼氣問題透過空氣對流進行改善；同時設置天窗或活動百葉窗，自然引入陽光，做為自然採光之用，透過這些機能的設計，不但讓游泳的人可以更舒服，並且還省了冷氣，省了照明電力，節約能源，達到環保減碳的永續目標。

更上層樓

用「人文意涵」超越機能美學

在充分了解「機能美學」扮演的角色之後，現在我們要把重心轉向「人文美學」。從機能的這一面來看，建築必須能夠滿足生活的基本需要；從人文美學的這一面來看，建築與生活息息相關，講求的是更人性化、更優雅的一種人文的關照。

機能的美學，足以幫助我們了解建築美學的基本精神，然而，建構在機能的基礎上，建築美學是否擁有更高層次的意涵呢？

一如繪畫、音樂、雕塑等其他各種藝術形式，建築，在機能以上，還有更高層次的——文化意涵。

韓劇的人文意涵

韓國的電視劇，讓許多人著迷。黃南淵觀察到一個原因，是比較不容易被觀眾發現的，就是戲劇取景裡面的空間設計。

當一個戲劇的主軸是一個美滿的家庭、一個國際化的企業、一個時尚的城市工作者時，他們怎麼呈現這些氛圍？不可或缺的，不管是氣派的客廳、玻璃帷幕的辦公室，或是放著高腳杯的法國餐廳，這些場景本身的空間設計，創造了一種美好生活的視覺感受，把這種印象直接傳遞在觀眾腦海裡。觀眾也許難以評斷空間設計得好不好，但是一個好的空間設計會讓他很快融入劇情，跟劇中人物的生活產生認同感。從這些戲劇裡也不難發現，韓國在建築美學方面也正有所追求，也可以看見他們進步的幅度。

德國國會大廈的人文意涵

德國國會大廈是另一個好例子，原本的國會大樓在西元一八八四年就開始建立，因此留下的是一棟仿古典主義風格的偌大建築。到了一九九五年，一個世紀以後，怎麼修復過去遭轟炸的傷痕，並且帶入新的政治精神；在機能需求的滿足之外，要透過這個建築傳遞什麼的文化意涵？

相信去過德國國會大廈的旅人，必定留下深刻的印象。建築師佛斯特設計的是一個半圓形的透明拱頂，中間以一根倒三角錐形的柱狀體，支撐住以輕鋼與玻璃為主要材質的屋頂。使用輕鋼與玻璃這樣的材質，來建築一個以多層圓弧為主體的建築，除了提供平均每天八千名旅客觀賞走動的「機能」之外，也傳達出對於德國工藝水準的民族自信。

為什麼採用玻璃與輕鋼？這樣的材質使用，是不是只為了趕潮流？當然德國人有更細緻的考量，譬如玻璃的透光性高，因此對於整個國會大廈的採光達成了很好的效果，進而傳達出他們在環保永續方面的具體實踐。再從美學的角度來看，造訪者在一層一層圓弧狀的走道走動，不知不覺便在建築物的線條與光影中成為動態風景，靜中有動，增添了空間的生動趣味。

而機能以上，這樣的建築語彙更傳達了一項特別令人印象深刻的文化意涵，就是「人民為上」的觀念。半圓形的透明建築，表達國會這個組織本身應該透明化，國會的運作應該隨時透明在人民眼前；透明的屋頂讓人可以從上往下看到國會運作的情況，表達出人民才是在上監督者的角色。在一九八九年柏林圍牆倒塌後，德國用新國會大廈的建築語彙，表達了他們對於民主的深層體認。在完整的機能以上，還能傳達出豐富的文化意涵，這就是機能以上的建築美學價值。

日本國立新美術館的人文意涵

對於亞洲國家來說，「藝術的普及化」一直是個不容易達到的課題，如何透過建築來達成鼓勵民眾參與的目的？位於東京的國立新美術館讓我們看到一種貼近生活的思考模式。

位於六本木，由黑川紀章操刀的新美術館，開幕四個月，就吸引了一百萬人次的參觀人潮，而令人驚訝的是，美術館本身是沒有館藏的。這個新美術館虛位以待，成為日本年輕藝術

諾曼・佛斯特 Norman Robert Foster，英國當代建築師。一九三五年出生於曼徹斯特，高科技派（high-tech）建築師的代表人物，以設計金融證券類商業建築和機場建築而聞名。香港上海滙豐銀行總行、法蘭克福商業銀行、香港赤鱲角新機場、北京首都機場第三航站等，都是他的代表作。其他名作還包括倫敦千禧橋、柏林德國國會大廈、瑞士再保險公司（Swiss Re）倫敦總部子彈型大樓等。一九九九年獲得有「建築界諾貝爾獎」之稱的普利茲克獎。

黑川紀章 日本當代建築師。一九三四年出生於日本名古屋，二〇〇七年逝世於東京。以「代謝與共生」為建築思維的核心主張，倡導建築應從「機器原理」轉進「生命原理」。認為如果將整個地球當作一個有機生命體，地球上的資源與人類的使用模式就只不過是一個新陳代謝的循環系統，每個城市都是這個巨大的有機體底下的組織，各自有著獨特的功能，而城市之間最好的運行模式，即是互惠互利的「共生系統」，人類應該由「機械時代」的制式思考，回歸到以「生命」為價值的依歸，超越「全球化」的框架，讓人與自然、城市與藝術、傳統與現代共生。代表作包括阿姆斯特丹梵谷美術館新翼、吉隆坡新國際機場、日本廣島當代美術館、東京國立新美術館等。

家各種創意的展示空間，提供他們展演的舞台。政府如何鼓勵民間形成充沛的藝術創作能量？一個完美的展演空間就是最好的答案之一。

在美術館的觀賞機能以上，如何透過空間設計來達成藝術參與的目的？首先，一般美術館聊備一格的簡單飲食，在這裡被米其林三星餐廳代替，來到美術館的人可以在看展之後，優雅的坐在一個視野寬闊的用餐場合，享受米其林三星等級的美食，對於一個「國立」的美術館來說，這樣的創舉，背後蘊含了很新的觀念與很深的文化企求。

另外，美術館裡面擁有最好景致的面窗位置，不擁擠地放著由名家設計的椅子，專門提供參觀者坐下來欣賞景致，或者舒適的進行觀賞過後的沉思。

從建築機能的角度出發，新美術館提供了飲食、購物（館內提供日本與國外設計的生活商品販賣）以及一個美好的空間體驗；機能以上，則在傳遞「鼓勵藝術參與」的文化意涵。

如何讓老百姓對藝術產生興趣？對日本人來說，新美術館為他們的

東京新美術館用許多前所未有的嘗試，讓藝術普及到一般市民身上。

假日創造出一種新的Lifestyle（生活型態），過去平常不會進美術館的人，現在也會與朋友邀約在這裡，透過空間機能的配置，讓一般人的生活與美術館距離更近，達到一種「文化的邀請」。

純就建築本身來看，東京新美術館已經極具建築美學價值，而這個建築在機能以上的目的，是要創造更普及的藝術參與，而這也是生活美學的價值。建築美學的內涵就是生活美學，唯有生活美學「價值」才能創造建築美學「經濟」，透過東京新美術館，我們可以看見這個未來的趨勢。

米其林三星餐廳　一九〇〇年，法國米其林輪胎公司發行《米其林指南》（Guide Michelin），四百頁、口袋型隨身書，每年出版兩本，綠色封面提供旅遊資訊，紅色指南則介紹旅館及餐廳資料。一九二六年開始針對餐飲界提出米其林星級評鑑系統，評選門檻極為嚴格、入選難度非常之高，因此幾乎是當前餐飲界水準最高的評等（以二〇〇五年為例，全世界入選三星的只有廿六家）。

米其林餐飲評鑑的星星越多，等級越高，目前最高為三星。獲得一星的主廚只要維持既有的水準，這顆星通常可以一直保留，但是二星或三星主廚只要被發現一點疏忽，就會被降等，特別是被評鑑為三星的主廚或餐廳，一定要經過好幾年的觀察，年年維持在水準以上的表現，才有可能獲得三顆星的評價，因此三顆星不但象徵「絕對完美的美食」，更指「不會犯任何錯誤的主廚或餐廳」。名廚Alain Zick曾經因他的餐廳從三星降為二星而自殺，可見三星的榮耀是最大的肯定，也是最大的壓力。

東京新美術館的米其林三星餐廳，經常有排隊長龍守候，一位難求。

典範的轉移

從「區位至上」到「美學至上」

隨著時代的進步，建築美學存在著無限探討的空間，每一個文化、每一片土地、每一個時代，都有其不可取代的特色，因此，現在是一個出發點，我們正站在一個以建築美學的國際眼光，創造台灣建築之美的起跑線上。

建築美學與經濟價值，未來將呈現越來越高比例的對價關係，這也是我們所追求的，除了ＩＴ產業、精緻農業，台灣的下一步競爭力。

建築美學的經濟價值會在哪裡呈現呢？

看房價高低，有一句川普創造的名言，叫做「location, location, location.」將來，這個鐵律將被打破，從東京六本木改頭換面的例子，你可以看見新世界的典範將成為：「美學、美學、美學。」

指標的演替

從「真善美」發展到「健康、環保、永續……」

由於生活是動態的，因此黃南淵認為建築美學的指標也會因為時代的演進，而展現出不同的層次。根據他的歸納，從建築美學經濟的觀點來看，經濟發展層次與建築美學的指標演進，其中存在密不可分的關係。

初期：真・善・美

以台灣來說，建築產業發展初期正值經濟發展「大建設」的時代，也因此經建發展的需求轉變成具體可見的建築指標，完美的建築就會以過去用來形容完美的語彙——真、善、美為最高目標，訴求的重點在於安全（住宅的堅固與強度）、機能（符合基本的生活需求）與美觀（人性中的基本追求，也是建築美學的雛形）。

現代：人文・科技・藝術

真善美所詮釋的，是過去崇尚的價值，是一種靜態的美學，而現代建築講求從原本靜態真善美的層次，更深刻地進入人的生活，流風所及，人文、科技、藝術等價值的展現，便成為現代的建築美學指標。

唐納・川普 Donald Trump，美國知名房地產大亨，一九四六年出生於美國紐約。憑藉坦率的快言快語、高調的生活方式、快狠準的房地產開發以及眾多八卦花邊新聞而聞名。以房地產為根基，川普也將事業版圖擴大到娛樂界，開賭場、製作電視節目，一樣活躍而引人側目，《誰是接班人》裡的招牌台詞「你出局了！」（You're fired），更是家喻戶曉。

經濟發展達到一個層次之後，大多數人的生活已經脫離「溫飽」的層次，開始對於自身與文化的關連性，發展出探索性的主觀對話。此時，「現代建築」的美學指標，也因生活美學文化的提升，而開始重視自然的力量、科技的力量與文化的力量。這三種力量交互應用，就演進成為對於「人文」「科技」與「藝術」的崇尚與追求。訴求的重點開始轉向「人性化」「在地精神的文化特色」與「和諧的社區結構」；講究科技與藝術的結合（數位空間結構、環保功能設施）、智慧化設施（網路、保全與遠距應用）、精緻美感的工法、日夜有別的照明設計以及生態永續環境的營造，追求整體和諧、生動的美感品質。

「美感品質與時代價值的最高向度就是美學，」黃南淵親手寫下他對建築美學指標的詮釋：「建築美學的價值，在於能讓人感受到這種最高意境的美學內涵，創造並提供具有生活價值與生命力的生活美學空間環境。」

——人文，是更有深度的「善」，與人心靈共鳴；

——科技，對應著「真」。以前的「真」著重建築的建材，會多強調原木、大理石等材質的使用；現代科技則在建築上規畫出更安全與更具美感的結構（譬如用遙控、遠距科技等智慧型的設施創造更貼心的生活機能）；

——藝術，是更多元化的「美」。各地因為風土民情，產生不同的自然與人文景致，透過藝術與建築的對話，會讓美的價值更加多元化。

曾經操刀德國國會大廈、英國新地標——瑞士再保險公司（Swiss Re）倫敦總部子彈型大樓，以及全世界單體面積最大的北京首都機場T3航站等大型建案，獲封爵士的英國當代建築大師佛斯特就指明，小型城市和精緻建設，將會是未來永續發展的關鍵。建築不應該是一個個獨立的個體，而應該是政府、建築師和建築產業，對於基礎建設（科技）、交通、街道（人文）和公共空間（藝術）所具有的整體規畫與思考。

未來：五項趨勢指標

放眼未來，建築美學的指標將會有怎麼樣的趨向呢？黃南淵整理出以下五點，是全球建築界普遍關注的方向，它們分別是「生活」「健康」「環保永續」「在地文化」與「國際化」。在現代建築的基礎上，訴求的目標將會著重在生活美學、環保與衛生品質、對環境友善的設計、省能減廢的綠建築、具國際競爭力的國際化使用功能，以及在地精神文化特色與風格。

為什麼呈現出這樣的趨勢？關心地球環境的人士均了解，主因在於過往放任科技日新月異的發展，長期對自然所產生的破壞，已經到了危害人類居住環境的地步。有鑑於此，世界知名企業一致的動向，已經全面轉向開發非石油的新能源而努力，這樣的趨勢在建築上面，就呈現出減少二氧化碳排放、採用環保建材、永續優先的綠建築考量，這也成為對於思考未來房屋構成新提案中，所不可或缺的要素。

在已開發中國家，能源有許多被建築物所消耗，二氧化碳的排放亦有多數來自於建築物；全球共通的人口成長和都市集中，使人類帶給環境的衝突愈來愈嚴重；我國推動綠建築的四大指標是省能、減廢、健康與生態；重點在於建造對環境友善、與自然共生的建築。

岳國介 攝影

北京首都機場T3航站，是諾曼佛斯特的傑作。

日本國寶級設計大師黑川紀章，從四十年前就開始提倡「共生」這個源自東方哲學的思想。他認為共生應該是未來的基本理想，將成為廿一世紀的新秩序。「共生的思想」這個觀念的影響，不僅對建築業界，並且也擴散到社會學界、經濟學界及其他多學科領域，成為新時代的關鍵字。

落實在他的設計中，黑川紀章注重最大限度地滿足建築物使用者及擁有者所希望的功能要求；透過合宜的設計，不僅豐富了建築所在的空間，更與環境共生，成為景觀的一部分。因此，除了建築本身帶給使用者生活美學的享受和感動之外，他的建築作品更呈現出一種融入文化的，能夠流傳下去的特質。

位於東京的日本國立新美術館，就是黑川紀章「共生」的洗鍊詮釋。他在建築思想上的開創與堅持，強調城市建築應該讓傳統與現代、文化與經濟、人與自然都有一個「共生」的場域，這樣的思想，可以說為未來建築美學五項指標：「生活」「健康」「環保永續」「國際化」與「在地文化」，作了一個更具有深度的定義。

儘管隨著時代變遷，建築美學所關注的指標不盡相同，但是仍然存在一個明確的上位概念，清楚指引著建築美學的未來方向。

這個上位概念就是——生活美學。

因此，建築美學的價值，乃在於將生活美學的理想落實。而生活美學又是什麼呢？顧名思義，即是一種生活的態度，一種可以享受審美關照的態度，一種具有美學觀點的生活方式。猶如詩人觀察生活周遭的情境、人或物，所引起內心對自然美景，或是人文風貌的共鳴。而對建築來說，透過建築所創造的生活機能，讓人在生活中可以細細品味溫馨優雅的布局，享受與自然對話的樂趣，這也就是生活美學最高意境的精髓。

而卓越的建築理念與優質的生活環境所構成的建築美學，就是創造生活美學最重要的前提。我們可以簡單的說：建築，是生活美學的硬體；而生活，就是建築美學的軟體。新經濟時代為建築業帶來的社會責任，就在於擁抱、並滿足廿一世紀人們對於生活美學的期待，創造「建築美學」典範，產生「美學經濟」價值。

對於生活，建築美學所應該扮演的角色是什麼呢？

建築美學主要是在傳遞一種對於建築整體綜合性的美感品質，從視覺之美到觸覺之美，一個好的建築物不但在生活的觸覺上，可以讓人享受生活機能的便利，並且在視覺上，建築物的本身就是一個令人感動的人文景觀。

綜觀全球具有建築美學精神的建物，儘管設計理念、文化淵源、歷史背景各不相同，但是從現代觀點、時代精神、世界觀三條軸線來分析，一樣可以達到建築美學的極致——創造優雅的生活空間。不管建築語彙是什麼，這些卓越的建物都展現出相同的精神，包括它們與自然的對話，溫馨和諧之美的創造，歷久彌新的完美，這些精神跨越語言地域的藩籬，呈現的力量足以感動人心。這些精神都連結於生活美學文化，透過與生活連結的建築機能呈現，就形成了衡量建築美學的尺規，這包括了：

一、使用機能、空間尺度與國際化功能之美。

二、營造豐富性、人性化、開放性與文化性空間格局之美。

三、結合外部形式之和諧性、藝術性、原創性，形隨境生的在地精神與人文風格。

四、展現科技之美的高度安全性、便利性與智慧性設施。

五、建立環保永續之美，充分利用自然力展現對環境之友善與融入自然生態之美。

從上述的幾個構面來看，每一件會感動人、吸引人、魅力十足的作品，應該都要能充分發揮建築美學的內涵，這樣的建物在城市（或鄉村）中佇立的時候，就彷彿在對人訴說一種新的價值觀，這個價值觀可能是生動、精緻、和諧、魅力與生命力，達到一種有秩序、節奏、韻律優雅之美感，給予人如行雲流水、水流花放般的舒暢與驚豔。這樣的建築所展現的藝術美感與品質內涵，都可歸納為建築美學的特徵。

明日新希望

我們也能擁有自己的托斯卡尼

即使擁有再好的理念，許多出來高呼重視美學的建築人往往因為大眾的沉默，受制於環境的諸多限制，而發現自己的孤單，以至於許多理想不能夠在台灣這片土地上扎根建造，這

洋溢浪漫風情的巴黎左岸咖啡館。

Les Deux Magots
岳國介 攝影

是為什麼呢？因為我們的環境，讓人以為大眾不在乎建築有沒有美感，沒有一個機制可以提供善意的回饋，讓正向循環出現。

其實對於美感的價值，本就存在各人的心中，每個人都喜歡美的事物。只是過去，當建築只被定義為「滿足住的基本需要」時，「對美的喜歡」並不足以成為一個被普遍接受的基礎。這就是黃南淵在此時開始推動「建築美學經濟計畫」的原因。

當「建築美學」與「經濟價值」這兩個觀念被統合性建立的時候，過去「對美的追求」這種看似無形的價值，就會被創造出來，而當這樣的重視成為一種社會共識的時候，建築美學經濟的價值將因此普及，建築師更多元的設計理念將會被建商採用，建商更理想性的生活提案可以被消費者接受；而越來越多的美學建築出現在你我的周圍後，建築美學的價值受到重視的程度與日俱增；然後，透過持續的觀念倡導與推廣，一種整體性的建築品質提升就會出現，台灣改頭換面的時候就到來了，屆時，我們將會擁有自己的中城、時報廣場、左岸咖啡館，或是托斯卡尼。

這樣的結果當然不可能一蹴而幾，但是現在開始行動，卻也不至於全無頭緒。當台灣建築之美重新被定義的時候，不僅全民生活品質提升了，國家競爭力也同步增進，並且，透過全球化的連結，接軌國際舞台，透過觀光、貿易、大型國際展演活動（像是高雄世運，必須先有場地才能爭取），經濟價值的活水就會開始源源不絕的流入。

我們現在看見的東京，始於他們卅年前對建築美學經濟的覺醒與決定；現在看到的巴黎，是兩百年來不同的思維邏輯所創造的文化累積，因此，正如現在的建築趨勢強調永續性，建築美學經濟計畫的本身，就是一個永續性的計畫。對於建築美學的堅持，對建築界以及相關產業來說，都是全新的挑戰，但是這個挑戰，將會為建築產業帶來永續性的價值。

黃南淵強調：「對於台灣來說，現在是建築美學經濟起跑的關鍵時刻。」

時報廣場　Times Square，美國紐約市曼哈頓的一塊街區，中心位於西四十二街與百老匯大道交會處。廣場的名稱源自《紐約時報》早期在此設立總部大樓，並於一九〇四年說服紐約市政府將此廣場正式更名為「時報廣場」；但由於英文裡「時報」（Times）和「時代」（times）相同，所以時報廣場常被誤譯作「時代廣場」。歷經百餘年的積累，時報廣場已經成為聚集劇院、音樂廳以及特色酒店的文化集中地。是「紐約的市集」，是一個「人們聚集、等待、和慶祝大事的地方，無論是棒球世界大賽，還是總統選舉」。每年跨年時節的倒數計時，更是時報廣場在人們生活中最歡樂的記憶。

左岸咖啡館　地理學者依河川的流向，將面對下游的右邊稱為右岸，左邊稱為左岸。但如果沒有特別指稱，一般人所謂的「左岸」，通常是指法國巴黎市塞納河的左岸。在地圖上，塞納河將巴黎市分為南北兩岸，由於是由東向西流，因此北岸稱為右岸，南岸稱為左岸。

巴黎右岸有許多高級百貨商店、精品店及飯店；而左岸則是學院、文教機構與人文咖啡店雲集的所在，消費階層以年輕人與文化人居多，消費也較便宜。久而久之，「左岸」一詞，也成了一種流行語，具有濃厚的文化或意識型態意味，廣告中也常用「左岸」來彰顯文化品味或優雅氣質。

托斯卡尼　Toscana，義大利中北部的一省，有美麗的風景和豐富的藝術遺產，更是義大利文藝復興的發源地，以及達文西、米開朗基羅、但丁、馬基維利、伽利略、普契尼的出生地。

柏樹覆蓋的山丘、長滿小麥和罌粟花的田野、粗面石砌的農舍、優美的文藝復興風格別墅、葡萄園以及古老的橄欖樹叢，是托斯卡尼最典型的田園風光。豐美的果園也為托斯卡尼提供完整的季節食譜與佳釀，義大利最受歡迎的吉安地（Chianti）酒，便是產自此處；而城牆環繞的山城、石板道路巷弄深處飄蕩的中世紀的古意芬芳，以及多達六處被列為世界文化遺產的城市，也吸引著追尋美與浪漫的人絡繹而來；光是首府佛羅倫斯（Firenze），一年就湧進六百萬遊客。更別說還有比薩（Pisa）斜塔、西耶納古城（Siena）和放逐過拿破崙的小島厄爾巴（Elba）了。美國《國家地理》雜誌評選「一輩子一定要去的五十個地方」，托斯卡尼即是其中之一。

要享有義大利托斯卡尼的環境情調並非不可能，但也不是一蹴可幾。

他認為現在是關鍵時刻的原因在於，近幾年來，台灣建築界已逐漸在國際上嶄露鋒芒，越來越多的作品不僅在設計上獲得國際化的認同與讚賞，對於如何滿足生活條件的需求，展現建築美學的風格與創意，也得到越來越多國際視野的關注。

故此，從現在一兩件傑出的建築作品出發，擴大建築美學經濟影響的範疇，從「傑出的個人」走向「團體的創意」，再從「團體的創意」走向（建築）「產業的優化」，這樣的動能將為台灣創造可長可久，並且無法忽視的經濟價值。當然，這股動能的發動，需要建築界的積極共識，發揮團體的力量，才能把建築美學經濟的理念變成行動。

美麗新世界

台灣應該從「產業的大國」走向「生活的大國」

被《經濟學人》雜誌譽為「世界七大策略學者」之一，而且是唯一一位亞洲學者的大前研一博士在二〇一〇年來台時，對於台灣如何面對全球經濟蕭條的問題，提出了他的看法與答案。他認為，兩岸三地所形成的華人經濟圈中，台灣應該從「產業的大國」走向「生活的大國」，就是創造最好的生活、居住、醫療、休閒環境，讓台灣成為華人圈中的瑞士，讓「居住」成為台灣下一波穩定的經濟來源。從這個角度來看，生活的大國，當然就是一

林芳怡 攝影

近幾年來，台灣建築界已逐漸在國際上嶄露鋒芒。

個重視生活美學的大國，展現其外的，就是一個建築美學經濟蓬勃發展的大國。

當台灣未來的建築、生活空間與景觀美質，創造出令人驚喜的建築美學內涵，引起國人的肯定時，我們的居住品質也就此提升；當這樣的效應透過台商、海外華人向外擴散時，國際的能見度就越來越高；當台北像東京、杜拜、或是北京一樣，吸引全球人士的眼光，使台灣名列世界最佳適居與觀光國家之時，不管是來自海外的華人或國際人士，必然有許多家庭被吸引，舉家遷居，來台置產。這就是建築美學經濟所展現出來的向心力，以及它所創造的經濟效益。

《經濟學人》 The Economist，一份以報導新聞與國際關係為主的英文周報，一八四三年創辦，總部在倫敦，每周出版一期。《經濟學人》主要關注政治和商業方面的新聞，但是每期也有一兩篇針對科技和藝術的報導與書評。除了常規的新聞之外，每兩周還會就一個特定地區或領域進行深入報導。《經濟學人》的文章一般沒有署名，卻幾乎篇篇擲地有聲，是全球媒體界相當尊敬的優質周報。

大前研一 一九四三年出生於日本福岡，麻省理工學院核工博士，卻以管理與經濟評論著稱於世。大前研一專長於跨國企業的市場策略、海外投資、組織系統及經營方針之規畫，常受邀於亞洲各國，從事國家重大投資開發計畫之評估。《無國界世界》《看不見的新大陸》等早年著作，奠定他在國際經濟評論界的地位，近年出版的作品《中華聯邦》《M型社會》《OFF學》等，也都在海峽兩岸及國際間造成熱烈的討論。

第七章／

傾力實踐

7

我們必須覺醒‧提升台灣建築之美、邁向國際化、創造建築美學經濟，是一件刻不容緩的事情。

岳國介 攝影

「如果看不到眼前玫瑰的美麗，又如何知道春天的來臨？」

這是黃南淵最喜歡在演講之前引用的一句話，西哲這個啟人深思的字句，用在現今期盼春天燕子來臨的台灣，竟是如此適切。所以，他把這本書取名為「建築美學的春天」。

一份美麗挑戰

哪一個城市能夠擺出更好的姿態，就會吸引全球化的資源流動過來

廿一世紀，對於台灣的建築人來說，是一個面臨挑戰與覺醒的世代。

挑戰，來自全球化的城市競爭，哪一個城市能夠擺出更好的姿態，就會吸引全球化的資源流動過來。

覺醒，在於如果台灣能夠更快意識到這個趨勢，在覺醒中產生行動，就能夠在華人城市中創造出獨特的利基，在景氣停滯中成為帶動百業復興的火車頭。

如果台灣能夠投入更多資源，創造一個對觀光客友善的環境，專注的為每一個來到台灣的人打造愉悅的旅遊經驗；光是想來台灣的潛在旅遊人口所帶來的觀光收入，可能很快就能為台灣創造另一個嶄新的產業。

因此，在台灣得天獨厚的天然景觀之外，我們的人文景觀——建築——是否已經具備了讓

台灣有得天獨厚的天然景觀，但我們有什麼建築，足以吸引觀光客一而再、再而三的造訪呢？

人流連忘返的國際水準了呢？台灣有什麼建築，足以吸引觀光客一而再、再而三的造訪呢？因此，我們必須覺醒：提升台灣建築之美、邁向國際化、創造建築美學經濟，是一件刻不容緩的事情。

把建築美學擴大為城市美學

現在，講求美感與品質的美學經濟時代已經來臨，建築產業所要做的，就是把每個「生動空間品質之美」形成聚落，這種群聚效應，將形成具有優美人文特色、愉快幸福的生活社區，也使得建築美學擴大成為「城市美學」，把城市的價值從 local 變為 global，提升到國際化的一級城市水準。

「建築產業，絕對是美學經濟最大的動力與推手，」黃南淵看見未來的遠景：「未來的建築不只屬於建築業，同時也是文化創意產業！」因此，建築界相關產業必須團結起來致力提升建築的美學水準，並積極向社會大眾傳遞建築美學經濟的理念，形成共識，方能創造正面的美學經濟價值。「希望建築美學經濟計畫可以做為一個起點，共同往『生活的大國』這個提升國家競爭力的標竿邁進。」黃南淵說。

他又期許道：這是台灣未來的希望，也是我們肩上這份不能卸下來的責任，透過共同的努力，我們可以——

- 定義展現台灣建築之美，成為全民共享的寶貴人文資產。

• 提升建築美學水準，擴大建築美學領域，形塑在地文化風格。
• 締造精緻完美、歷久彌新的建築價值，創造具有建築美學經濟價值的建築產業。
• 建構台灣生活美學的優雅文化（建築美學的極致）。
• 以建築之美登上國際舞台，以世界觀點追求美學經濟，提升國際能見度，盡一分創造國家競爭力的責任。

建築美學不等於億元豪宅

黃南淵認為：「有些人會直覺地認為建築美學經濟就等於億元豪宅，一般的住宅談不上美，這是很大的誤解。」許多人聽見「建築美學經濟」的第一印象，就覺得「與我無關」。事實上，建築美學與每個人息息相關。因為，建築是我們生活的容器，而城市，是建築聚集的地方。所以建築美學不是只有建築設計者需要操心的事情，包括建築的使用者，當他具備足夠的美學認知，對於空間品質的要求呈現出越來越高的美學標準時，不管是住宅、辦公室、餐廳、商店，都會帶動整個建築產業的質變。

所以，真正的建築美學，不在於視覺的表象（不在乎是不是擁有昂貴家具的億元豪宅），它的內涵是建築本質的秩序，也就是設計者在設計一項建築物的時候，他是否考量到空間使用者各種可能的需要，並且以最好的設計，盡可能來滿足使用者的各項需求。

秩序對人是不可缺少的。當我們達到更高層次的創造，我們同時也就邁向更完美的秩序，「其最終是一件藝術品（the work of art）」，路易斯康認為：「連結、融合是大自然之道，

建築是生活的容器，城市是建築聚集的地方。

我們可以從大自然中學習（這也是為什麼，最令人心曠神怡的建築就是充分與自然融合的建築）。空間的自然性是由附屬空間服務主空間而形成，空間秩序給空間層次（hierarchy of spaces）賦予了一個有意義的形（meaningful form）」，因此，一個有意義的形是一種秩序的反射（reflection of order）。

根基與結構，都是為了形塑出建築的量體，量體呈現了一種空間的秩序，也連結了自然、光線以及建築與人互動的可能性。因為設計時已經考量了這些可能，空間的功能性因而產生，不同的功能，使空間有了不同的層次，這樣的空間秩序，就形成了路易斯康所謂「有意義的形」，也就是量體。

路易斯・康 Louis Isadore Kahn，美國建築師，一九〇一年出生於愛沙尼亞，同年舉家移民美國，在費城長大，一九七四年逝世於紐約。

在現代建築發展演變的歷程中，路易斯康可說是一位居於關鍵地位的人物，他的建築理論與實踐雖然根植於現代主義，卻啟蒙了後現代主義的出現，在現代與後現代的興替潮浪中，扮演承先啟後的重要角色，因此有人稱他是「現代主義最後一人」。

路易斯康的理論不但含有德意志古典哲學和浪漫主義哲學的根基，同時還匯合了現代主義的建築觀念以及東方文化的哲學思想，甚至還包含了中國的老莊學說。如詩境一般的語言是路易斯康理論的一大特色，充滿隱喻又引人遐思。康的理念、思想與建築風靡了以後的建築學人，他的追隨者有不少是各國建築設計和建築教育界的中堅分子，儼然形成一個「費城學派」，而康就是帶頭大哥。

康擅用清水混凝土，作品看起來厚重、龐大、剛強、堅硬、並且一派冷色調。光與影的變化，更是觀察他作品時不可忽略的重點。隨著天光的變換，建築物的表面呈現出不同的風貌。人在其中更顯得渺小。代表作包括耶魯大學美術館、賓州大學理查醫藥研究大樓（Richards Medical Research Building）、美國德州金貝爾美術館（Kimbell Museum）、沙克研究中心（Salk Institute）等。

岳國介 攝影

這建築令人心曠神怡，因為它充分與自然融合。

四組量體實踐

什麼樣的空間與秩序，才能孕育出具有建築美學的城市？

建築美學不能只是空談，它必須是一種實踐的美學。

把眼光放回台灣，從過去到現在，隨著時代與觀念的進步，在我們獨特的文化背景之下，台灣建築美學經濟的觀念，經歷了什麼樣的啟蒙和歷程呢？從以下這幾個具有代表性的建築美學「量體」，可以讓我們看見建築美學在地發展的歷程，從過去所經過的路，找到未來的方向。

黃南淵的工作歷程所談到的美學量體，分別是：西門町的獅子林廣場與徒步區、城鄉風貌的推動、大直水岸的再造，以及台北一〇一所在的信義副都心計畫；在時間演進的軸線上細細觀察這些量體，我們可以看見許多建築人共同為台灣奉獻出的智慧與努力。

人類的奮鬥都是在探索我們所理解的，而非所看見的。——柯比意《明日的城市》

關於量體，大師柯比意在八十多年前就有了這樣的闡述：「所謂建築，是量體集合在光線之下，知性的、精準的、而且是壯麗的遊戲。」（柯比意《邁向建築》一九二三）

這是很有意味的一個闡述，在這個句子裡，你可以看見柯比意所使用的詞藻「知性」「精準」，甚至「壯麗的遊戲」都是形容詞，用來形容什麼呢？這個句子裡唯一的，真正代表實體的，只有兩個名詞，就是「光線」與「量體」。光線，是上帝自然的創造；所以，屬於人可以創造的，只有一個，就是「量體」。

簡而言之，按照大師柯比意的想法，建築，就是「光線之下的量體」。光線是自然界已經安排，是一種不能改變的存在。日復一日，年復一年，從清晨到夜晚，光線的明暗雖然千變萬化，但是背後卻有一個不變的秩序存在；因此，相映於自然的光線，人造的建築也可以千變萬化，但是綜觀建築的歷史，始終有一個不變的價值存在，這個價值，就是量體所呈現出來的秩序。

從「秩序」這個角度來看量體，在柯比意的另一本建築經典《明日的城市》中，他這樣說明自己對於量體的思索：「房屋、街道、城市都是一種指引，這些指引必須有秩序，才能使人類的活動與能量得到方向。」是的，這樣的方向，也就是另一位偏愛清水混凝土的大師路易斯康所謂的「活動的秩序」。康認為：「新的空間必須有『活動的秩序』（order of

建築就是光線下的量體。人造的建築雖然無法像大自然所造般鬼斧神工，但也可以千變萬化。

movement）」，「活動的秩序」不僅僅是一種通過的活動（go movement），同時應包括停留的觀念（concept of stopping）。

康認為，現在還保留得很好的古代城鎮設計，主導空間的邏輯往往是一種紀念性的秩序（order of monumentality）；對於羅馬、希臘，甚或是中國的萬里長城，主導空間的可能是一種防禦性的秩序（order of defense）；但是現代的城市呢？很明顯的，因為我們生活型態的改變，量體本身也相應而產生一種新的秩序，對康而言，這個新的秩序是一種活動的秩序（order of movement），因此他認為，城市，應該是一個「前往」的所在，而非只是一個「通過」的地方。（A place to go to-not to go through）。

那麼，對於現代的城市來說，什麼樣的空間，才能符合現代人生活的需要？什麼樣的秩序，才能夠孕育出建築美學？

對自然、空間與秩序的關係，柯比意認為：「賦予自然界生命力的，是秩序的精神（spirit of order）。就拿自然光來說，日復一日的日出日落、每天有多少陽光，都有一個秩序在運行的，看得見的是日光照射時間，看不見的是背後的秩序；我們必須分辨何者是我們所能看見的（一天有多少陽光），何者是我們所理解的（春夏秋冬的時間順序），人類的奮鬥都是在探索我們所理解的，而非所看見的，因此我們應該拒絕視覺的表相，而與本質相結合。」

岳國介 攝影

萬里長城的年代，主導空間的，可能是一種「防禦性的秩序」。

實踐一：獅子林生活廣場

讓一讓，西門町更美好

台灣的第一個生活廣場，出現在一九七六年，西門町的獅子林徒步區。

不管是歐洲城市非常注意的人車分道，或是次文化聚集的公共空間，還是現在在全球各大城市都廣泛運用的徒步購物區觀念，我們都可以從量體本身「機能與秩序品質」的角度，來思索這個問題。

對於量體的思索，誠如前頁大師柯比意所說：「房屋、街道、城市都是一種指引，這些指引必須有秩序，才能使人類的活動與能量得到方向。」因此，對於西門町這樣的空間來說，由於人潮的聚集已經超過空間規畫當時所計算的負荷量，因此，如何創造一種新的秩序，使人們來到這裡的活動與能量能夠得到方向，這就需要透過一些指引來達成。

而當時的西門町，需要的是什麼樣的一種秩序呢？正如前述的探討，西門町真正需要的，正是路易斯康所謂「活動的秩序」。人們假日來到這裡，不僅僅是一種通過的活動，透過購物、逛街、看電影、用餐、與朋友聚會，他們的行為模式，符合了康所謂的「停留」的觀念。

正如現在一樣，假日的西門町只能用萬人空巷來形容。在這樣有限的空間裡，如何提供一種

岳國介 攝影

西門町的獅子林徒步區，是台灣第一個生活廣場。

活動的秩序呢？從人車分道能夠對交通流量帶來的幫助、公共廣場的需要、或是讓人擁有一個不受汽車干擾的徒步區來看，西門町最缺乏的，就是一個 open space，一個生活廣場。

從「機能」與「秩序」入手

為了解決西門町人流密度過高的問題，黃南淵當時決定從「機能與秩序」的角度入手，創造廣場（公共空間）與行人徒步區來解決這個問題。

他當時的想法是，如果這個徒步區可以規畫出來，首先，視覺上面的空間感就開放出來了，人們對這裡的印象就不再是雜亂無章，open space 的空間感一出現，愉悅感就很容易被創造出來。在此同時，生活廣場的設置，就讓空間的主從關係（行人大於車輛）分明起來，於是，更多行人的活動會在這裡開展出來，這就是一種空間的指引，雖然空間大小不變，但是透過這樣的指引，就可以讓空間使用的「機能合理性」被創造出來。

而這樣的一個廣場要催生出來，在當時的環境裡，還需要政府與民間共同進行許多努力。由於當時想要規畫成廣場的這塊地分屬四個地主，想要達成這個便民又繁榮地方的構想，需要這四家地主都點頭才行，因此黃南淵就積極與四家業者聯繫。事實上，現在建築法規中「綜合設計」的這種施行辦法，在當時還沒立法通過，所以需要更多的溝通協調，才能在政府與業者之間形成共識。還好在大家的理解下，黃南淵與當時擁有土地產權的四家地

假日的西門町，只能用「萬人空巷」來形容。

岳國介 攝影

主達成協議，在十字路口的四個角落各讓出一塊空地，四塊空地集合起來，一個小小的廣場就出現了。

黃南淵回憶道，因為獅子林那塊土地是屬於地主的，而所謂「廣場」這種 open space 的構想，也不是法規規定一定要有的，所以當時他的角色，只是把大家聚集起來，說明這個構想，溝通協調，希望能夠達成一致的共識。他不但要說服建商與建築師在空間交換上有一點犧牲，還要說服長官這麼做不是為了圖利廠商，這個廣場能夠建立起來，其實真正享受到好處的是人民，然後呢，人多了，利益回饋到業者身上，也許因為善盡規畫之責，市民會對市府執政團隊的滿意度增加，但是對於提倡這個構想的政務官員來說，這是用專業增進人民福祉的一種方向。

用「整體利益」帶起「全民認知」

當時的黃南淵有一個很深的感觸：「台灣的土地大部分是屬於私人的，所以如果大家沒有共識要把這個地方做好，政府是沒有任何立場去硬性干涉的。」可是事實證明，這個小廣場被創造出來之後，不管對消費者、對商家，甚至於對市政府來說，是加分的，是帶來整體利益的。所以現在推動建築美學經濟的理念時，黃南淵非常強調「全民認知」這種觀念的傳遞；只有當大家都渴求建築美學可以在身邊落實的時候，才會形成一種集體的力量；單單只有政府相關部門、人民的期待、國際知名的建築師，或是只有建築業者的理想都不足以形塑出這樣的文化，必須匯集大家的共識，才能夠累積足夠的力量，讓台灣邁向建築美學經濟的方向。

長期觀察日本建築界發展趨勢，黃南淵說日本人對於建築美學有所覺醒是卅年前的事，開始推動這種觀念是廿年前就已開始，雖然中間經歷過經濟大衰退的時期，但是那段時間的沉潛，仍然在孕育一種設計與創新的力量；到了東京中城的出現，終於把日本設計與美學的國力推向極致，向世界展示無遺，從此世界認識的日本，就是充滿設計力、創意與美學，亞洲第一的城市（國家）。並且，透過全球蜂擁而來的觀光客與購物團，也為日本帶來了豐厚的經濟利益，這就是建築美學經濟良性循環的一個好例子。

當我們對於建築美學開始齊一腳步，有了追求的共識的時候，這樣的一種群體力量，才能夠共同創造優雅的生活空間。我們現在所看到的日本東京、法國巴黎、義大利佛羅倫斯等等令人稱羨的城市，他們的人民素質裡面都擁有這樣的基因。

讓「車行的路」變成「人過的生活」

一九八〇年，黃南淵赴美研究的時候，美國就已經開始發展「徒步區」的規畫理念。那時，波士頓剛完成第一條徒步區，隔年又完成了第二條；而赴美取經之後，台灣在一九八一年他參與規畫「信義副都心計畫」時，主要計畫中的徒步區規畫也就定案公布了。

徒步區的出現，象徵對於道路的觀念已經改變，過去強調工業發展的城市，道路需要提供

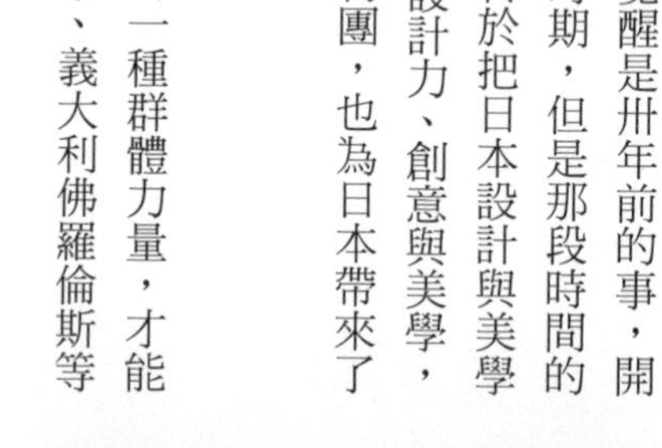

東京中城，把日本設計與美學的國力推向極致。

的功能是以汽車為主的交通便利，而當人們意識到工業化不應該是城市發展的全部時，對於「人性化都市」的呼聲與渴求，就成為群體追求的目標。因此對於道路的觀念也產生改變，過去強調交通便利的「運量」（道路給車走），現在更重視的是人們生活使用的「品質」（道路給人走）。這是觀念的演進，其實，開始重視人們生活使用的品質，就是生活美學的前端。

一個「青少年次文化」在此誕生

回到獅子林生活廣場，從另外一個角度來看，這個規畫雖然早，但是已經蘊含了一個非常重要的基因，那就是要在城市規畫裡面，透過比法規更先進，也更人性化的觀念，為城市居民創造更好的「生活美學環境品質」。透過這種對人友善的空間規畫，可以提升生活美學的內涵與舒適感。從西門町徒步小廣場發展至今的歷程來看，當時的規畫產生了效果。現在的西門町，電影院、潮物商店、流行歌手簽唱會等等青少年的娛樂場所與設施非常密集，一種次文化已經在這裡形成，成為西門町的人文特色。

次文化 subculture，指從母文化（主流文化）中衍生出來的新興文化，通俗地說，就是不為主流文化接受的小眾文化。有些次文化會逐漸消失，有些會持續留在小眾社會，有些則受到越來越多人的認同，成為流行文化或新的主流文化。「青少年次文化」可以解釋成「一種流行於青少年之間（而非大眾）的共同價值或行為」。

岳國介 攝影

岳國介 攝影

密集的電影院是西門町歷久不衰的文化特色。

一樣是電影街區，信義威秀和西門町的調調就是不同。

都市是生活的地方，所以這個廣場的設立，會讓各種活動在此處聚集，這就好像是一種邀請，邀請次文化在這裡被創造出來。綜觀台北市商圈的發展，東區後來也相當的熱鬧，信義計畫區的威秀影城、內湖摩天輪周邊的美麗華商圈也不遑多讓，但是你可以發現，這些地區與西門町的感覺還是有點不一樣，原因不在於西門町的地段，而在於它已經擁有了一種獨特在地的次文化。

一個又擠又熱，又必須時時回頭看，擔心被車撞到的地方，是無法創造次文化的。徒步區的美食街就是一個好例子，下班下課以後，與三兩好友相約，就在路邊的小店鋪裡面，可以放鬆，談笑吃喝，這樣的場域、這樣的行為，就是一個培養次文化的地方。在法國就是左岸的小咖啡館，在日本就是有著紅招牌的關東煮或是拉麵攤子，在台灣，獅子林徒步區也成功的塑造出有著夜市特色的次文化。

一個「可以停留的空間」就此創生

事實上，這個兼顧「機能與秩序品質」與「生活美學環境品質」的概念，也被黃南淵使用在信義計畫區的規畫中。在參與信義計畫區規畫的時候，黃南淵特別強調的是徒步區、生活道路（不只是通行的道路）、好的燈光設計作夜間照明，台北未來最菁華的商業區能不能不要是高樓林立，找不到一點休息的空間？有沒有可能，台北將來最高價的菁華區，是一個可以享受樹蔭和陽光的地方？

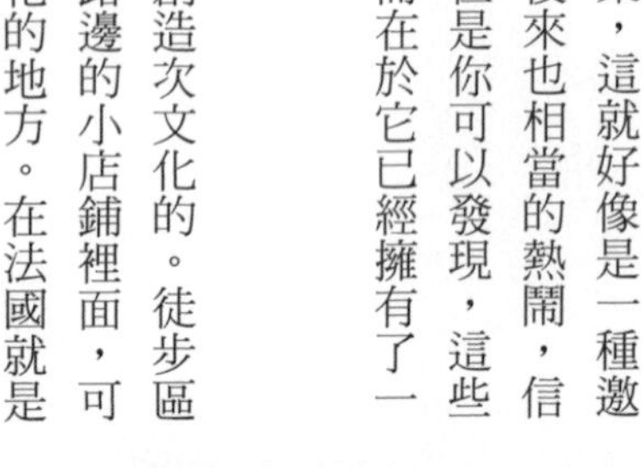

在徒步區逛美食，不必擔心忽然迎面而來或自後竄出的車輛，行人最大。

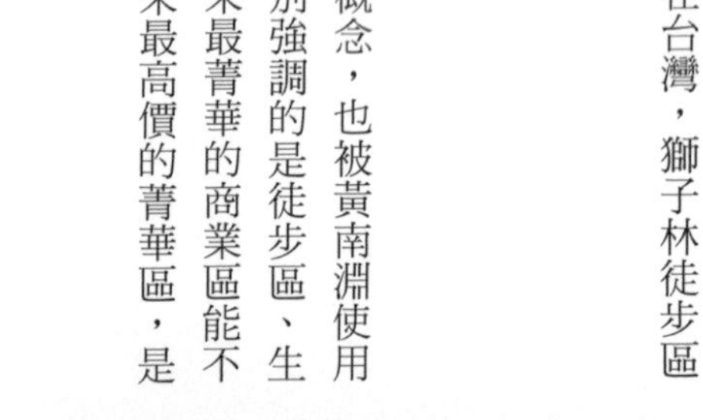

那珂川邊的關東煮小攤，已經成為福岡的一種次文化標記。

在徒步區規畫之初，採用了「降低容積率、提高建蔽率」的政策方向，讓徒步區兩邊的建築物都蓋得低一點，所以現在包括新光三越、威秀影城那一帶，大部分都是六層樓的高度，馬路的規畫有十五公尺寬，然後臨馬路的建築物，都預留了空間來規畫二樓的騎樓，讓行人擁有充足的人行空間，可以優閒地在其間行走。

道路兩邊寬度一拉開，「在當時規畫的時候就知道，」黃南淵說：「未來信義計畫區（徒步區）的 sunshine 會很好了。」陽光很好，會帶來另一個好處，就是路旁的樹就會長得很好，因此這樣，樹蔭也被創造出來了。

所以現在到信義計畫區去逛街，人走在其間不會覺得很擁擠，會有一種閒適的愉悅，其實這種感覺能不能被塑造出來，規畫當時的理念就已經決定了。

許多強調「慢活」的城市與社區都很重視「生活道路」，他們首先做的事情都是人車分道，因為道路不只是道路，道路對人們的生活來說，也是一個很重要的公共空間，這就是生活道路的觀念。觀念的進步是，當他們開始思索一個城市如何更加人性化的時候，第一件要做的事就是把道路還給人，而不是都給車走。其實這就是路易斯康所說的，不只是一個車

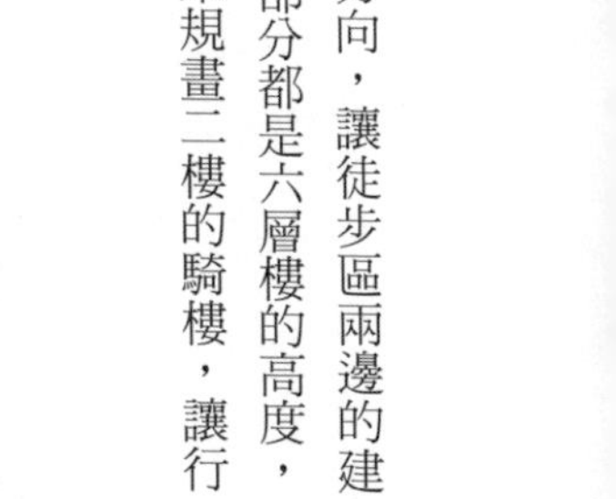
岳國介 攝影

從三越諸館到信義威秀影城，臨馬路的建築物都預留了空間來規畫二樓的騎樓，讓行人可以優閒地在其間行走。

慢活　一種新興的生活態度，原本是一本書，後來卻成了風靡全球的運動。主張在這個沉迷於「快還要更快」的世界裡，每個人都有權利選擇自己的步調，該快則快，能慢則慢，平衡最好。原書係由英國作家卡爾歐諾黑（Carl Honoré）所著，書名「In Praise of Slow」，台灣中譯本將它命名為「慢活」，不但打造了一本暢銷書，也讓「慢活」二字成為這個運動或這種生活態度的代名詞。

子「通過的地方」，還應該包括人們「停留的觀念」。

城市的進展和演進是持續的，人們的需求改變也是不停止的，城市的主導者要能夠意識到這樣的改變，也有責任時時思考如何能夠創造比過去更好的生活型態，並且提出更好的生活解決方案。

實踐二：城鄉景觀風貌改造運動

把建築美學經濟推向全台灣

目前政府全面推廣台灣的觀光，從過去幾年「廿一世紀台灣發展觀光新戰略」「觀光政策白皮書」「挑戰二〇〇八觀光客倍增計畫」，台灣要如何透過觀光旅遊繁榮地方、振興經濟，成為政府一個重要的課題。

觀光賺不賺錢，要看建築夠不夠美

觀光，就是「建築美學經濟」；因為不管是購物、吃飯、遊憩、住旅館，所有觀光的消費行為都不可能在一個沒有建築物的情況下達成。因此，觀光能夠賺多少錢，很重要的一環，就要看台灣的建築美學能夠創造多高的經濟價值，因此，觀光的議題，事實上也是建築美學經濟的課題。

岳國介 攝影

觀光，就是建築美學經濟，這句話對布拉格來說，再貼切不過了。

全球旅遊權威雜誌《旅遊與休閒》（Travel＋Leisure）每年都會評選出「年度十大旅遊城市」，這是由全球讀者根據城市的特色、文化與藝術、對觀光客的環境友善程度、購物便利性、消費價值，以及美食餐廳等綜合指標評選而出。在二〇〇八年的排名裡面，前五名的城市分別是泰國首都曼谷（Bankok）、阿根廷首都布宜諾斯艾利斯（Buenos Aires）、南非最歐化的城市開普敦（Cape Town）、全球著名的澳洲旅遊大城雪梨（Sydney）與義大利的文藝復興之城佛羅倫斯（Firenze）。

建築美學經濟涵蓋的範圍，不只「城」，還有「鄉」

如果不從城市的角度，而是從國家的角度來看這世界前五名，也許我們就可以找到答案，明白台灣要怎麼賺觀光財。這前五名城市所屬的國家都有一個共同的特點，就是他們所提供的旅遊環境，不止「城」，還有「鄉」。

真正要賺觀光財，我們的思維不能停留在shopping mall、五星級SPA和海景咖啡座，從這五個國家的共同點來看，真正能夠吸引到大量觀光客的原因，不能只有城市的國際化消費，因為國際化的大城，尤其是市中心，百貨公司、五星級旅館、全球連鎖餐廳、購物商場，各國之間的同質性越來越高。真正會吸引觀光客的是鄉村——那些當地文化能夠真正展現的地方。

二〇〇八年被評選為第一名的泰國就是很好的例子，事實上泰國除了曼谷之外，在《旅遊與休閒》雜誌的亞洲前十大城市評選中，第二大城清邁也名列其中，事實上，這還不包含泰國聞名全球的度假勝地——普吉島。

葉滄焜 攝影

岳國介 攝影

曼谷和佛羅倫斯都是《旅遊與休閒》雜誌「年度十大旅遊城市」排行榜上的常客。

光是一個小小的普吉島，人口約卅萬，一年卻有五百萬旅客前往觀光，每年帶來廿億美金的觀光收入（相當於六五六億台幣，比鴻海二〇〇八年稅前盈餘還多了十幾億）。反觀台灣，人口有二三〇〇萬，但是一年來台觀光客卻不到四百萬人次，來台消費金額當然也比普吉島少很多。

因此，要談振興觀光產業，就要談美學經濟；要談全台灣，就不能只談大都會如何國際化，還要談城市與鄉村如何營造出地域文化的風格特質；也就是說，建築美學經濟涵蓋的範圍，不止「城」，還有「鄉」，而這「城鄉風貌」，就是台灣能賺多少觀光財的關鍵因素。

創造「文化、綠意、美質」的新家園

一九九七年九月，黃南淵在營建署長任內，開始推動「城鄉景觀風貌改造運動」。這個運動，就是把建築美學的觀念推向全台灣的第一個政策。

這個簡稱為「城鄉風貌」的運動，從北到南，對於許多鄉村景點的美學改造，具有啟蒙性的影響，現在許多具有特色的都市文化景點、老街、遊憩地點、生態溼地，以及一些越來越有美學魅力的城市，都是從當時的「城鄉風貌」運動開始萌芽成長。在當時的政策說帖裡，黃南淵提到：

國土規畫與城鄉建設之最終政策目標，可以用一句話來代表，就是「提供合乎人性尊嚴之生活環境」。這裡所謂的「人性尊嚴」，包括「與環境共生」、安全、舒適、富

人口只有卅萬的普吉島，卻創造了一年相當台幣六五六億元的觀光收入。

建築美學經濟涵蓋的範圍，不止「城」，還有「鄉」。

優美景觀、符合人性尺度、有獨特文化風格、充滿無限生機等豐富的意義在裡面，也是我們希望藉由推動「城鄉景觀風貌改造運動」來實現的理想生活環境。「城鄉景觀風貌改造運動」實施計畫是從一九九七年九月奉行政院核定實施，以創造具有「文化、綠意、美質」的新家園為總目標。具體而言，我們將從「品質、品味、情趣」三個策略層面，具體執行重點示範工作項目，逐步掃除「擠、髒、亂、醜」的亂象。

從一九九七年實施計畫的藍圖中，我們可以看到黃南淵推動城鄉風貌的金字塔式的三個層次：最基礎的是「綠意與美質」，也就是優美而有生機的環境；有了綠意美質之後，追求的是「文化與風格」，也就是有品味的生活文化；最高的層次，就是「情感與歡愉」，也就是透過建築美學的塑造，呈現一個富有情趣的生活空間。所以，如何吸引觀光客？在一個美質的自然環境裡，找到台灣特有的文化與風格，然後在這個美學空間裡，創造屬於自己的情感歡愉。你可以在世界每個著名的觀光旅遊城市中，發現這三個元素的存在與運用。

綠意的指標——環境永續品質

在城鄉風貌的基礎——綠意與美質的環境內涵中，其實包含了一項重要的建築美學經濟指標，那就是「環境永續品質」。

推動城鄉風貌的金字塔三層次，最基礎的是「綠意與美質」，其次是「文化與風格」，最後達到「情感與歡愉」的境界。

所有學習建築的人都知道，大自然有一種無法言喻的感動力量，這也是為什麼，人們渴望住在一個自然的環境裡面，因此，最令人心曠神怡的建築，都是充分與自然融合的建築，這也就是路易斯康所提到的，我們可以從大自然中學習，因為「連結」與「融合」，就是大自然之道。

要與大自然連結融合，「對環境友善」就成為非常重要的元素，設計者應該致力於「環境共生」的建築內涵，避免讓建築物成為破壞自然環境的源頭。從這個角度來看，就可以了解為什麼「綠建築」近年來受到重視的程度越來越高，全球暖化的影響，房屋成為主要排放二氧化碳的「容器」，所以要節能減碳，從綠建材的選用，到以綠建築的標準來設計房屋，再與環境充分連結，融合在整體環境裡面。

北投圖書館是一個好例子，這座小小的圖書館已經在國內外獲獎無數，然而它不是一個高調的設計型建案，而是一個對環境友善的典型綠建築。

首先，在改建這個老舊的圖書館前，設計師所做的第一個選擇是要把大樹留下來，並以這樣的前提來思考整體重建的設計。因此，面對大樹的兩層樓都採用了落地玻璃，讓室內的讀者一眼望出去，大樹就成為他眼中的風景。在機能性上面，大樹也很有價值，經過日光照射的計算，在陽光最炙熱的時候，大樹的樹蔭會發揮遮陽的功能。

綠建築，是北投圖書館的最大特色。屋頂上的太陽能板傾斜放置，在晴天，不但可以儲存

改建北投圖書館的第一個原則是：把大樹留下來。

在北投圖書館室內讀書，一眼望去，大樹就是眼中的風景。

北投圖書館充分發揮了利用自然力之綠建築節能減碳的優勢。

太陽能，同時太陽能板又同時發揮屋頂隔熱的功能；下雨天，也由於太陽能板傾斜的角度，可以導引雨水滑落，流進雨水儲存槽，將收集來的雨水做為澆花和廁所沖水等用途。

透過這些精心的設計，不但圖書館的讀者可以享受很好的公共空間，一年裡面也有四分之三的時間是不用開空調的，充分發揮了利用自然力之綠建築節能減碳的優勢。

綠意的升級——文化風格品質

在綠意美質的層次之上，還需要在地獨特的文化與風格，才能讓城鄉風貌呈現出與眾不同的性格。不是只要有很多樹的山景、或是很遼闊的海景，就是一個具有建築美學的地方，因為真正和人的心靈有更多互動的，是地域文化風格品質，這種品質是專屬於當地的文化與風格形塑出來的。

這種文化風格的品質很難用一個標準的定義說明，但是卻有許多傑出的例子充分彰顯了文化與風格的品味。

文化的升級——生命創意品質

在文化與風格的基礎上，還能夠達到更高的層次嗎？黃南淵的看法是，在文化與風格的基礎上，如果能夠塑造出一個富有情趣的生活空間，營造出人們的情感與歡愉，這樣的城鄉風貌就不再只是環境周遭的硬體，而是能夠讓人感受到趣味、喜悅、成長，這種具有生命力的創意品質。

把眼光放到歐洲，在「慢活」這個想法的發源地，世界第一個慢活城市——義大利的奧維托，我們就可以看到這種情感與歡愉，如何透過一個饒富情趣的生活空間創造出來。

首先，這個思維就很值得台灣縣市首長深思。一個地方的興起，是不是一定要加速現代化、全球化的過程，招商引資，設立工業園區與超高辦公大樓，才是進步的象徵？對於這個三千五百歲的歐洲古老小鎮奧維托來說，他們不願意全盤接收，也就是說，他們希望吸納現代化與全球化的優點，但是拒絕接受缺點與後遺症。

追求進步是必須的，但是進步不代表就是要將過去所有的價值與資源視為無用、加以拆毀。

義大利的奧維托是世界第一個慢活城市。

慢活城市 citta slow，一九九九年發起於義大利，二〇〇六年起逐漸擴大到全世界。它起源於同樣在義大利發起的「慢食」（slow food）運動。希望打破速食帶來的同質與一致，倡導季節食物、祖傳食譜、有機農業、傳統食品製造法等概念，由飲食了解當地文化。到二〇一〇年為止，義大利已有六十九個城市宣稱是慢城，而全世界也已有一三六個城市加入。要成為慢城並不容易，首先，城內不能停車，只有行人徒步區。再者，城內不能賣速食，包括麥當勞、星巴克等連鎖店和超市都應禁止。此外，城內也沒有霓虹燈，且周四和周日商店都不營業。這一切都是為了回歸歐洲中古世紀的生活速度，同時卻又保留現代文明的特色。

奧維托 Orvieto，著名的慢城，位於義大利西南部的溫布利亞省（Umbria），距離羅馬約一三〇公里，是個興建在懸崖邊上的小鎮。現任奧維托市長是「慢食」與「慢城」運動的發起人之一，最初主張車子不准開入城裡時，許多店鋪都很緊張，因為一般認定，交通流量意味著購買力，沒想到整個城市成為行人徒步區後，觀光客不降反增。

在這樣的價值觀下，為了保護當地農業，他們推廣有機農業，反對基因改造食品；為了優化空間品質，他們減少噪音和交通流量，多多設置公共空間與綠地；面對新科技，他們優先採用強調環保的綠色科技；為了保護在地美食的傳統風味不失傳，他們幫助當地的農民與菜販、餐廳、經銷商建立合作關係，來維持工作機會以及原本就緩慢的生活節奏。

因為這些努力與義大利人天生的熱情，加上可以慢慢地品味生活細節，所以他們把每一個觀光客都當作難得的訪客來看待，於是，一種富有情趣的生活空間就被創造出來；當一個在門口晒太陽的老闆堅持要請你喝早晨的第一杯espresso，那種濃厚的人情味就成為一種具有生命力的創意品質，創造出情感與歡愉的主觀體驗。

進入廿一世紀，人類面臨生態與環保的問題，我們的生活也開始進入一個追求樂活（LOHAS）的意識型態，你會發現，美學經濟、建築美學，在這十年來被關注的程度比以前高很多。因此，現在重新回頭看城鄉風貌，可以有更成熟的看法：在一個風景如畫的環境裡，親身體驗地方的文化風格，產生出情感上的歡愉，這種適意美質的品質，就是城鄉風貌改造的最佳典範。

實踐三：大直親水與景觀道路計畫

一個世界一流的城市，該有什麼樣的水岸？

水岸，在每個城市裡，都是人們流連忘返的角落。

其實大部分的人都有著相同的感動經驗，就是大自然的本身就擁有一種令人渴望的特質；也因如此，當一棟建築在水岸邊聳立起來的時候，空間的層次感就建立在無邊無際的、具有流動性的水岸景觀上。於是，這樣的空間秩序就賦予空間層次一個「有意義的形」，所以，水岸（形）就為住宅創造了一種獨特的感受（意義），創造一種人內心所渴求的，與自然融合連結的居住生活。

水岸——豪宅聚落的最愛

在一個高度發展的城市裡，往往會有一個共同的現象，就是水岸往往會成為城市最高級住宅集合之處。環顧世界主要城市，香港的維多利亞港灣、上海黃浦江邊第一排、英國的泰晤士河畔、紐約的長島高級住宅等等，它們共同的身分，就是城市裡的水岸住宅。水岸，好像一個神奇密語，在最擁擠的城市裡擁有最寬闊的景觀視野，所以總是成為城市的豪宅聚落。

岳國介 攝影

水岸往往成為城市最高級住宅集合之處，上海黃埔江邊第一排也不例外。

LOHAS Lifestyles of Health and Sustainability（健康與永續的生活方式）的縮寫，中文取此縮寫的發音，譯為「樂活」。

此名詞最早出現在美國社會學家雷保羅（Paul Ray）一九九八年出版的著作《文化創造：五千萬人如何改變世界》（The Cultural Creatives: How 50 Million People are Changing the World）一書，書中描述樂活族的特色是：除了身體力行自己所關心的環保議題，僅消費對健康有益、不會汙染環境的商品，同時也鼓勵其他人改變消費態度，在做消費決策時，盡量考慮到自己與家人的健康和對環境永續的責任。

其實水岸之所以對人們有這麼大的吸引力，正如路易斯康所說的，「融合」水岸的住宅，讓建築「最終成為一種藝術品」（the work of art），這個 work of art 可以更貼切的翻譯成「一種具有藝術本質的創作」，而這個創作的主體不是畫作，不是雕塑，而是建築。

廿一世紀的競爭，是美學經濟的城市競爭。美學經濟的競爭既是城市與城市間的美感競爭，又是城市與城市間的經濟競爭。城市，是一個文化與經濟的組合體，城市的文化，可以由建築美學來形構；城市的經濟，是城市裡國際化企業的競爭，這讓城市變得多采多姿，因為城市本身就是一個多功能性的建築群體，它必須具有商業、娛樂、居住、社交等等功能，這也讓城市美學充滿多元文化特色與魅力，「一個好的城市，就是一個很精采的美學集合。」黃南淵如此說。

大直得天獨厚的物理環境與健康品質

在規畫大直水岸之初，黃南淵問了自己一個問題：「一個世界一流的城市，它的水岸，應該有怎麼樣的呈現？」

有一個全球指標幫助他找到了答案。全球城市評比裡面有一種指標叫做「宜居觀光生態都市」，於是，在當時進行大直水岸再造的計畫時，他所思考的就是，當這個水岸再造的時候，怎麼樣的規畫才能讓台北越來越朝著宜居觀光生態都市的標竿邁進？越具有世界一流城市的魅力？

黃南淵回頭去看台灣三、四十年前的水岸規畫，由於堤防邊的道路寬度，大部分都只有六至八公尺寬，按照當時建築法規的規定，住宅最高只能蓋到四層樓左右，所以形成了一個非常特殊的「堤高宅矮」的現象。所以，黃南淵回憶，當初在規畫的時候，就希望提高道路寬度，達成「接近河岸」的親水計畫，透過更注重綠意美質的景觀道路設計，讓大直的水岸呈現出一種獨特的氣氛，讓台北市區裡的水岸，也能夠像其他世界一流城市一樣，呈現出一種與「自然共生」的雍容風貌。

大直有一個得天獨厚的地理條件，就是它連結台北市與內湖科技園區，只要水岸整治完善，設計規畫得宜，這裡絕對可以被塑造成台北另一個「精采的城市角落」。因為科學園區到處都可以設立，摩天輪、百貨公司到處都可以開業，但是市中心的水岸，卻不是到處都有的，這就是大直所擁有的，獨特的「物理環境與健康品質」。

就是要明水路退縮五十公尺！

如何將這個水岸的價值極大化呢？

透過都市計畫單位親水計畫與景觀道路的規畫，在堤防邊的明水路旁，總共退縮達五十公尺，在著名建案「輕井澤」門前，以「綠帶」的觀念，創造出一條充滿綠意與花朵的景觀道路，讓市民能夠有一個賞心悅目、身心得到滿足的親水之地。

更好的是，將來市政府有足夠預算的時候，就可以把這裡打造成台北市的水岸花園。現在退縮五十公尺的景觀道路設計，已經具有足夠的寬度，將來可以延續下去，把現有的綠帶向前延伸成為一個「緩坡」，將車道設置在緩坡下面，讓這個視野開闊，又位於市中心的水岸休閒綠地空間更大，能夠提供更多的市民遊憩使用。規畫有無前瞻性，由此可見一斑。

該不該把基隆河截彎取直？

當然，大直水岸再造的計畫，也就是之前爭議很大的基隆河截彎取直計畫。這個計畫從規畫到執行中間一直毀譽參半，當時黃南淵聽了許多專家學者的意見，也覺得反對的意見非常值得參考。因為河流是自然形成的，應該讓它維持自然，十年河東十年河西，把地表地貌留給河流自己去改變。

從生態面當然是如此，把一條河截彎取直，也許在生態的分布上，有些動植物的生存區就從此消失了，這是我們所損失的。但是平心而論，這個水岸再造的計畫有沒有正面的價值呢？這個答案應該是肯定的。只要透過完善的規畫，台北市得到了二百多公頃截彎取直的土地；筆直的河道，也成為水上活動划船競賽的最佳場所；對於一個城市來說，這樣的取捨也是很有價值的。

大直著名建案「輕井澤」旁明水路充滿綠意與花朵的景觀道路，讓市民有一個賞心悅目、身心得到滿足的親水之地。

因此，重要性孰輕孰重的問題，需要全盤的考量。比如說，整治過的基隆河，水災減少了，市民家庭財產的損失也減少了，這也是整治計畫的正面價值。因此，在當時市政府的通盤考量下，黃大洲市長決定執行截彎取直的計畫。從目前已形成的河岸景觀看來，我們擁有的是一個具有世界器度的城市水岸，再加上能夠讓市民同樂的親水遊憩區。對於一個城市建造者來說，創造多樣性功能的生活環境，讓市民擁有更好的生活品質，都讓這個計畫有了更大的正面價值。

從生態來看，一個都市原有的植物生態盡量不要破壞，山坡地河川也應該盡量維持原貌。但是當然，導水工程還是要做的，總不能讓河水每年氾濫，水災肆虐，反而造成市民更大的損失。另外，公園綠地是一定要的，亞洲最先進的城市規畫專家——日本，他們計畫把公園綠地的理想比例提高到二〇％，這也是台北未來可以努力的目標。還有一個更細緻的觀念，可以把綠地和生態體系結合在一起，也就是不要把公園視為一個個獨立的個體，而應該整體設計，讓綠化的空間成為一條「綠帶」。當綠帶連結起來的時候，透過生態規畫，就可以讓動植物的生態體系完整連結。

讓城市的各個角落都能夠越來越好、越來越多元，這就是一個城市規畫者必須思考的課題。黃南淵在《營建政策白皮書》中強調：「未來的都市，是一個生態都市、人性化都市和國際化都市。我所看到的，未來的台北，這是最好的三個發展方向。」

實踐四：信義副都心計畫

為台灣的首善之區，打造一個首屈一指的國際化特區

信義副都心計畫是卅年前，台北市最大型的都市更新案。

從西門町的獅子林生活廣場、城鄉風貌、大直水岸，一直到信義副都心計畫，我們一起看了建築美學「量體」的四種實踐典型，並在其中找到建築美學的重要理念指標。獅子林生活廣場是一種人性化的購物空間規畫；城鄉風貌，不只城，還有鄉，才能開創旅遊深度與觀光收入；大直水岸，是都市計畫者打造世界城市水岸景觀的努力；接下來要談到的信義副都心計畫，是台北歷史上最大型的都市更新計畫之一，也是一個包含住宅、商場、辦公大樓、行政中心等等複合功能的綜合計畫區，現在來看，也是台灣首屈一指的國際化特區。

以巴黎副都心為藍圖

身為一個國際化的都市，如何創造出一個國際特區，成為能夠與全球一級城市比肩的城市地標？事實也許很令人驚訝，信義計畫區的規畫，可以說是台北市最早期，也是最大型的都市更新計畫案，這個計畫從一九七九年，也就是距今卅多年前，就已經開始籌備規畫。

到了一九八一年，信義副都心計畫的主要計畫公告了，由於黃南淵的日語流利，讀日文資料沒有障礙，就擔負起與日本設計團隊溝通互動的工作，此外，由於熟悉日本團隊的作業

邏輯，以及日本人都市規畫的個案經驗，因此黃南淵有比較多的機會，參與信義副都心計畫的架構規畫。

原本，信義計畫區只準備做成一個大型住宅區，解決住屋不足的問題；但是後來考量到當時的西門町已然太過擁擠，因此時任市長的李登輝先生就決定按照其他城市的發展經驗，採取「雙核心」的概念，把信義計畫區設定成一個「副都市中心」的計畫，所以在那時就決定，要把台北市政府也遷到這裡來。

岳國介 攝影

決定將市政府遷到計畫區內後，信義計畫從一個「住宅區」擴大，成為「副都心」。

在計畫主軸確定了以後，便委託日本KMG建築師團隊來提案。KMG的專家們做了很多的研究之後，才研擬出方案，並由市府的都市計畫單位按照這個方案繼續發展下去。

日本團隊第一次簡報的時候，參考「巴黎副都心」的概念做為信義計畫區的藍本。他們的想法是，以仁愛路為軸線，向西與總統府連接，所以仁愛路可以從總統府直通市政府。除了巴黎副都心之外，設計團隊還有一個主要的概念來自東京火車站地區計畫，包括街廓規模、總容積率設定都考量進去之後，就進行空間的分配與設計。

容積率訂低一些，政策彈性也多一些

當時一個重要的在地考慮因素，就是西門町的人口密度與粗容積率。西門町雖然顯得擁擠，但建築強度並不高，粗容積率在三〇〇%以下，所以當時將信義計畫區的粗容積率也設定在三〇〇%。以紐約為例，曼哈頓看起來雖是高樓林立，但是如果把中央公園、道路面積考慮進去之後，總密度也不過是三五〇%。除此之外，還有一個因素需要考量在內，紐約已經有非常完善的地鐵系統，當時的台北還沒有，所以如果和曼哈頓一樣設定成三五〇%，「擁擠」很快就會成為無法解決的問題。

種種考量下，執行團隊最後決定先把粗容積率設定在三〇〇%，然後再來分配用地規畫。這包含了每一個街廓的容積率，像是住宅區就設定成二〇〇%，政府機關用地設定成四〇〇%，商業區設定成四五〇%～七〇〇%，另外觀光旅館、徒步區也有配套的設定。以市政府為中心，容積率最低之重心發展模式是：把高樓層的辦公大樓規畫在外圍，研擬三度空間的都市景觀設計；待一切大局底定之後，接下來街廓多大、人行空間怎麼安排、交通系統如何貫穿，以及綠化系統、大小廣場的配置、都市景觀如何形成等等，便一點一滴，逐漸形成了現在的信義計畫區。

為什麼當時只把總容積率設定在三○○％？現在信義副都心計畫成形了，我們就可以知道最初規畫的立意。因為那時規畫信義計畫區成為副都心，就是希望它不要太過擁擠，運作可以順暢，將來成為市民的生活中心，不是以密度取勝，而是要能夠成為一個比較好的商業活動與生活空間。現在每年跨年倒數所在的市府廣場，就是在當時刻意留白，在市政府前面規畫一個三公頃的廣場，讓信義計畫區有一個很好的 open space。事實上，除了這個

KMG建築事務所　日本知名建築事務所，總部位於日本東京，創辦人卻是來自台灣的郭茂林。郭茂林出生於一九二一年日治時期的台北，就讀台北工業學校（戰後台灣省立台北工專、今國立台北科技大學）時，受其恩師千千岩助太郎賞識，推薦他到日本鐵道省工作，因表現傑出，透過輾轉引薦，進入東京帝國大學建築學科當研究生。二次大戰後，在日台人必須返鄉，但當時東大校長內田祥三（也是當時日本建築學會的會長）相當器重他，以校長命令郭茂林歸化日本籍，並以東大建築學科助手任用。一九六一年離開東大。一九六六年擔任三井不動產顧問時，以代表業主身分負責東京霞關大廈的設計一舉成名，霞關大廈是一九六○年代日本第一高樓，也是日本第一座突破一百公尺高的建築。此後，郭茂林又設計了池袋的太陽城（Sunshine City）、新宿三井大樓、東京世貿中心大樓等知名地標，在日本享有「巨塔之男」的美譽，評論者說，戰後日本高層建築法規是被KMG突破及改變的。此外，台灣駐日代表處及駐日代表官邸的建築設計，也出自郭茂林之手。

一九八○年代，郭茂林應老友李登輝（當時是台北市長）之邀，主持信義副都心計畫的規畫工作，並將他在日本的經驗與技術移轉到台灣，在台北設立分所，一九八○年之後的台灣高層建築，有許多都是KMG主持或擔任顧問（如中國國際商銀台北總行大樓、台電大樓、台北火車站前新光摩天大樓、信義區國泰金控大樓），在那個年代，「郭茂林」或KMG，幾乎就等於日本高層建築技術的代名詞。

主要廣場之外，市政府附近另外還有三塊佔地一公頃的小廣場，讓市民有足夠的公共空間。現在看起來，正如當時所計畫的，在台北市最菁華的地段，讓市民能夠擁有大型活動所需的空間。

都市計畫裡的某些部分是隨著時間進展而有所改變的，例如「總容積率」這個數字，其實是都市計畫者的一種經驗值。黃南淵以他的經驗說明，總容積率該訂多少最好？其實沒有一致的標準；以世界一流都會區來說，東京火車站地區的總容積率大致在三五〇％，建築基地淨容積率是一〇〇〇％，紐約曼哈頓商業區卻高達一五〇〇％。

如何讓容積率設定得這麼高，卻又可以不讓人民感受到壓迫感？交通流量的順暢（很好的地鐵系統）就是最基本的要件。而台北市當時還沒有這樣的條件，所以就決定先訂在三〇〇％，在接下來交通系統建設日趨完全的時候，再視情況放寬容積率，這就是一種政策彈性，在將來大眾交通運載量越來越大的時候，容積率才有往上加的籌碼。黃南淵笑著說：「容積率要加很容易，但是要減是非常困難的。」

樹立一座舉世聞名的國際地標

至於聞名國際的世界第一高樓——台北一〇一，原本因為松山機場就在附近，蓋那麼高的樓會影響飛航起降，所以並不能坐落在信義計畫區。後來，黃南淵去了波士頓等美國幾個大城市考察，參考世界其他主要城市的經驗，比對了航管限制之後，發現台灣的機場高度

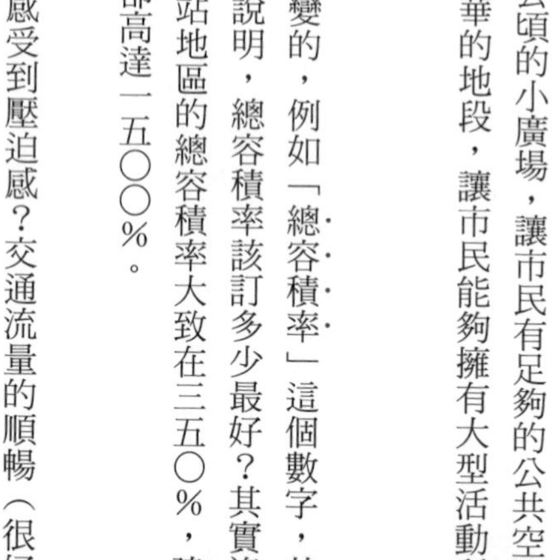
岳國介 攝影

市府前廣場出現後，每年的跨年或元宵等節慶演唱會，就有了最佳的空間。

限制比其他國家嚴格。當時松山機場的規定是：機場所在地方圓四公里之內，建築高度不能超過四十五公尺，所以本來一〇一是不能蓋在信義路的那個基地上；因此，當時政府慎重其事，特別委請了美國的一家航空顧問公司研究評估，最後裁定的結果是只要在三公里之外，對於松山機場的航空安全就不會有影響。所以這個決定就促成了台北一〇一可以坐落在信義計畫區內，成為台北市的國際地標，也奠定了信義計畫區成為國際特區的地位。而信義副都心計畫也成為大家有目共睹，一個成功的都市更新計畫。

以此為例，我們就可以看見如何把建築美學內化在市容裡面，為城市打造舉世聞名的國際地標了。基本上，城市美學的形

岳國介 攝影

如果沒有重新檢視飛航管制，信義副都心就不可能擁有台北一〇一這個超級地標。

粗容積率、總容積率、淨容積率、建築強度　容積率亦即一般所謂「建築容積率」或「淨容積率」，依我國《建築技術規則》〈建築設計施工篇〉第一六一條規定，係指「基地內建築物總樓地板面積與基地面積之比」。用通俗的話說，就是「總建築面積÷總用地面積」，如果房子有很多層，它的總建築面積則是把每一層樓樓地板面積統統加起來的總和數字。例如一個一萬平方公尺的建築用地，如果容積率是二〇〇%，那麼不管你設計成幾層樓，可以蓋的樓地板面積總共就是兩萬平方公尺。容積率是衡量建築用地使用強度的一項重要指標。容積率越高，意味建築面積越大、單位土地成本越低、建造成本也越低；但同時也意味著每個使用者平均擁有綠地的面積減小，居住環境品質下降。

「粗容積率」則是都市計畫名詞。是指都市計畫區內「所有各種建築物總樓地板面積÷該土地使用分區的面積」的比率。

「總容積率」與粗容積率意義相近，是指「計畫區內樓地板面積之總合」除以「土地面積之總和」的比率；計算公式則是「計畫地區之總樓地板面積÷土地之總面積」。

粗容積率一般在表示某一種「使用分區」之使用強度時運用，總容積率在表示「總計畫區」之使用強度時運用。

成，需要的除了都市規畫者的眼光及市府團隊的努力之外，還需要有遠見的建築業者、優秀的建築師、以及品質嚴謹的施工營造團隊，才能共同營造出獨特的城市美學，為台灣創造舉世聞名的國際特區。

在黃南淵與執行團隊所擬定的「建築美學評鑑體系」裡，其中有一項是「設施與設備品質」。對一個建築來說，「設施與設備品質」是建築最基本的品質。讓黃南淵覺得難能可貴的，就是進駐在信義副都心計畫區的指標建案，都具備非常高的美學品質。首先，看好這裡的未來潛力，你可以發現信義計畫區已經成為台北市的豪宅聚落，許多豪宅的經典建案均在此出現，在展現建築精緻度的「設施與設備品質」方面，不管是建築的安全效率，或者是智慧化的程度，都已經成為高級住宅的定義，也成為全台建案仿效的指標。

走進台北一〇一或是信義誠品，這兩個獲獎無數的建案，姑且不論它們在設計感與美學方面的耀眼光芒，從最基本的角度來看，它們的「施工與恆久性品質」，也都已經躋身國際級標準。不管是細節的精緻度，或是材質與工法上面的耐久性設計，以及完善的維護管理制度（管理維護絕對是美學品質的關鍵因素），都讓它們成為建築美學的最佳典範。

講究色彩與照明品質

晚上造訪信義計畫副都心區的人，很難不因為精采的夜間照明而駐足；而從台北市的任何一個角落向天空看，也都會看見一〇一豐富的燈光設計。

信義計畫區裡的指標建案，美學品質普遍很高。

日夜有別，是建築美學評鑑體系中的一個指標，因為按照都市人的生活作息，娛樂與休閒的時間通常是下班後的晚上，所以，放眼全球一級城市，國際特區裡的「色彩與照明品質」總是爭奇鬥豔，不遑多讓。走進夜晚的信義計畫副都心，不管是誠品、新光三越、台北一○一，彷彿換了一張臉，讓整個區域呈現出日夜有別的豐富表情，台北市透過「色彩與照明品質」的成熟操作，呈現出一種國際城市典型的魅力。

追求景觀空間品質

為了讓這個台北市最菁華的地區也能夠自由地享受陽光與綠蔭，信義計畫區規畫之初，也在「景觀空間品質」方面做了很大的努力。

首先是綠化系統，在當時的規畫中，綠帶的寬度提升為十至十五公尺，也就是道路兩邊要各退縮十至十五公尺，這樣的寬度可以種兩排樹，用生態工法來種植喬木，將來當樹長大之後，人們就可以在樹蔭下步行與休憩，這就是除了馬路之外，一個生活道路的形成。

但，為什麼不用草地鋪在綠帶上面，卻要種植喬木呢？

黃南淵說明當時的考量，主要還是為了節能省碳的環保取向。因為草地雖然看起來很漂亮，但是卻沒有吸收二氧化碳的功能，這是種植樹木才有的優點。想想看，大人小孩走在寬敞的林蔭大道下，大樹下有座椅，shopping 完可以在這裡稍事休息。媽媽推著嬰兒車在這裡

從台北市的任何一個角落向天空看，都會看見一○一大樓豐富的燈光設計。

入夜之後，信義副都心彷佛換了一張臉。

歇歇腿，看著新光三越的櫥窗，這樣的畫面代表著自然與城市景觀的結合，也是當時規畫設計時的想法。

到了今天，走在信義計畫區，不會覺得擁擠、嘈雜，對於一個商業區來說，這是非常珍貴的，是一種人性化的發展取向。這也證明當時對於綠帶的考量是正確的，綠帶不應該是隔離帶，而應該是一個綠化系統，連結人在室內室外的活動空間。可惜目前信義計畫區的綠帶，卻仍然是隔離的，並且鋪的是草地而非種植樹木；原計畫的本意，是利用高大的喬木形塑林蔭下休憩與活動的空間，並發揮樹木吸收二氧化碳的功能，而草地是達不到這兩種目的的。黃南淵希望市政府能夠依原計畫觀念，儘速將綠帶改為林蔭步道，透過對於綠帶更完善的規畫與執行，信義計畫區還有更好的可能。

串接立體化的人行道

從人性化的角度來看，空橋是一個相當重要的設計。信義威秀鬧區有一條空橋，從統一大樓的信義誠品經過新光三越，穿過威秀影城馬路上方一直到台北一〇一，這條空橋的功能是什麼呢？

人走在橋上，從這一區逛到下一區，不必經過大馬路等紅綠燈；吃飽飯，在天橋上慢慢走，聊天散步，看看下面進行的活動，這就營造出「富有情趣的生活空間」，這也是人性化機能的建築體現。未來的城市，人性化的空間與功能將會是最重要的。

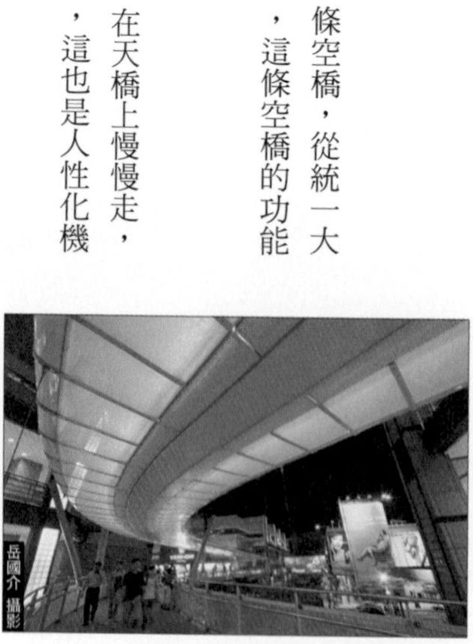

信義威秀鬧區的空中走廊，讓逛街變得更優閒、更有品質。

因此，回到之前探討的問題，台灣如何創造出與世界同步的國際特區？從信義計畫區的經驗來看，除了在建築美學經濟評鑑體系中的「設備與設施品質」「施工與恆久性品質」「色彩與照明品質」「景觀空間品質」缺一不可之外，城市的環境必須更人性化，更注重生態平衡。另外，除了理性層面之外，感性的層面，創造富有情趣的生活空間也是很重要的，在城市的軟體上，也要更往國際化的目標邁進，創造一個對國際友善的環境。

一個終極標靶

如果把未來的競爭定位為城市競爭，眼光就可以遍及全世界

要談城市的未來、要談國際競爭力，這就是建築可以為城市貢獻的功能。

黃南淵認為，首先，必須先認清未來的競爭會是一種什麼型態的競爭。從他的角度來看，雖然企業的全球化布局是必然要走的一步路，但如果把未來的競爭定位為城市競爭，眼光就可以遍及全世界。日本就是一個好例子，東京的中城出現之後，吸引了許多外國觀光客去旅遊，觀光的收入就繁榮了地方；然後，因為看好日本旅遊的潛力，更多的國際五星級飯店品牌把最高級的飯店設置在東京，這就帶來了日本國內建築產業的振興（建築是百業的火車頭）；再透過獨步亞洲的設計實力展演（包括國際級建築師所設計的知名美術館），吸引設計公司與人才在東京聚集，成為亞洲的全球設計產業聚落。這就是透過建築美學內化成城市競爭力，創造經濟價值的範例。

城市，是文化與經濟的載體。因此城市競爭力也可以從這兩個層面來孕育。如果我們能夠創造一種友善的環境，讓國際企業願意把分公司、亞洲總部設立在台灣，這就會重建台灣在經濟上的競爭優勢。然而，從文化層面來看，白天的工作很重要，夜間的生活美學營造也很重要，兩者都是吸引國際人才到台灣來的誘因。小吃便宜又好吃，市民生活得很愉快，充滿人情味的熱情洋溢，這種文化上面的吸引力也會形成強大的優勢。

如果創造建築美學能夠成為台灣全民努力的方向，把目標對準城市的國際競爭，那麼我們就有兩個可以努力的層面。在硬體上面，要先營造出對國際友善的、富有情趣的生活空間；在這樣的空間基礎上，就可以培養出文化水準與生活品質的競爭力，當這種令人羨慕的生活型態被創造出來的時候，台灣的城市競爭力就會帶來豐沛而源源不絕的經濟價值。

「追求更好」是每個建築人心中的夢想。由於日語溝通沒有障礙，黃南淵可以透過公務的接觸，直接從日本都市發展的關鍵人物身上得到第一手的真實經驗。在黃南淵的記憶中，只要跟東京都都市發展局局長，以及建設部的高階官員見面，每次坐下來總是要談三個小時以上，他說：「我的腦海中有太多問題，想要找到答案。」

東京中城出現後，吸引無數的各國遊客，觀光的收入就繁榮了地方。

在對話中，他逐漸吸取了日本相對成熟的發展經驗，在營建署主持新市鎮計畫時，黃南淵按照踏入建築界四十年的經驗，針對新市鎮（new town）的發展方向，在署長任內不僅親自主持會議，並且參與過無數次的會議討論，終於催生了三冊《都市設計準則》，裡面詳列了比建築法規更細的指導原則，從法規面，黃南淵也希望貢獻自己的經驗，為城市美學寫下操作型定義。

從法規的撰寫到計畫的執行，黃南淵一直有一個夢想：「建築美學對我來說，是一個美夢，這個夢我已經做了幾十年，我的夢就是希望能夠提升台灣的建築美學水準，有朝一日，能夠與全球一流都市並駕齊驅。這就是驅使我向前走的動力。」

葉滄焜 攝影

從文化層面來看，做好白天的工作環境很重要，營造夜間的生活美學也很重要，兩者都是吸引國際人才到台灣來的誘因。

岳國介 攝影

第八章／勾勒願景

建築業是一個具有高度理想性的良心事業，建築業是一個比別人還要重視社會責任的行業；建築業在台灣的未來，應該走進文化創意產業。因此，黃南淵語重心長的提出一個問題：建築人，你有什麼社會責任？你對於城市，需要回饋什麼？在整個社會體系裡，你擔任的角色應該是什麼？

建築，是一種良心事業，是一種鋪陳「公益優先」的美學事業。在廿一世紀，人類社會最關心的議題是生態、環保以及永續；反映在生活型態上面，最受重視的新語彙是樂活、生活美學以及美學經濟；對於形塑一個城市的美學來說，建築業責無旁貸，必須擔負起最重要的企業社會責任，因此，建築業者現在應有的定位和期許，就是要把自己放在「社會責任」與「創造城市價值」兩條軸線交會處——這就是「建築美學經濟」。

建築人美夢何在？

留下一棟最美的房屋在台灣

二〇〇七年，在「建築美學經濟計畫執行委員會」的成立大會上，透過以下的文字，黃南淵說明了他推動建築美學經濟的熱情與決心：

今天，我邀請大家一起來共築一個美夢，因為，人的一生是追求美夢的過程，更希望美夢成真。個人從事公職四十餘年，一直在做建築美學的夢，也從立法與計畫方面納入我的一些理念，付諸實行，但是自從親自前往日本目睹其近廿年來，在東京所完成的幾處可以說轟動全世界的都市更新案實景後，受到很大的衝擊，我以為其成功的關

企業社會責任　CSR（Corporate Social Responsibility），簡單的說，就是企業在營運的時候，除了要在乎自身的財務與經營狀況，也要考慮對社會和自然環境所造成的影響。這個名詞目前並無公認定義，但一般泛指企業的營運方式要達到（或甚至超越）道德、法律及公眾要求的標準，在進行任何營運活動時，都應考慮到它對各相關利益者（包括員工、顧客、供應商、社區團體、母公司或附屬公司、合作夥伴、投資者和股東）所造成的影響，不能傷害到社會與自然環境的永續發展。

鍵在於大幅提升其建築美學與城市美學的經濟價值，他們更自傲的說：創意、設計力與文化力將成為日本經濟發展的強項。

反觀台灣建築界，雖然也做了很大的努力，也繳出了不錯的成績單，但是，在品質、美感度、精緻度、空間品質的和諧度等方面，則尚待往上提升，尤其是全民在環境品質內涵與文化價值的共識度上更有待提高。

有一個建築廣告的用詞非常吸引我，這句話說「留下一棟最美的房屋在台灣」。我相信，如果細究這句話，就能發現其中的意涵。建築不是只要滿足功能就好，沒有美的功能不算功能，我認為建築美學將會是未來建築業發展的主軸，如果能夠不斷堅持擁抱建築美學，就能獲得優雅的建築內涵，掌握美學的精髓。

好地段不是一切

地段的價值是建商創造的嗎？不是！

美國房地產大亨唐納川普對於不動產市場的經濟法則有一句名言，問他：在不動產市場裡最重要的三個因素是什麼？他的答案是「location, location, location」（地段、地段、地段）。地段就代表價值，這樣的簡單邏輯似乎就成了建築業者的經營鐵律。買最好的地段，蓋房子，把售價拉高，賺錢；然後再拿錢買更好的地段，蓋房子，再把售價拉得更高，來賺更多的錢。從這樣的角度來看，建築業者所賺的錢，不是房子本身的價值，而是地段本身的價值。

平心而論，地段的價值是建商創造的嗎？不是，但卻是建商獲利的來源。所以，建築業就只是一個按照這種邏輯經營的行業嗎？

當然不是，建築業是一個具有高度理想性的良心事業；建築業是一個比別人還要重視社會責任的行業；建築業在台灣的未來，應該走進文化創意產業。因此，黃南淵語重心長的提出一個問題：建築人，你有什麼社會責任？你對於城市，需要回饋什麼？在整個社會體系裡，你擔任的角色應該是什麼？字字道出他對建築業深切的期盼。

答案是企業社會責任，是實現建築美學的價值觀；最有趣的是，也代表更大的獲利。

建築業的社會責任，與其他企業相同的，首先是發揮企業倫理（遵守法令、照顧員工、永續經營）；然後是地盡其利，地盡其利的意思不是在一塊地上想辦法蓋到最多的房屋，而是做出最好的規畫（例如不破壞地貌、與自然共生以及兼顧社會大眾的整體利益等等）；第三，致力提升建築的價值，因為提升了建築的價值，就是提升了城市文化的價值，也就是提升了社會的整體價值。這包括注重與周遭環境的和諧，捨棄模仿，走出自己的文化特色等等，這些努力都會提升整體環境的美學素質，當然，這就是增強台灣的國際競爭力。

所以建築業者所創造的價值，不應該只是地段上建物的附加價值，而是每一個建案都可以為城市環境的整體價值加分。這樣，建築業就不是一個買地賺地段價值的行業；更高層次來看，建築業是一個賦予建築美學價值的行業，而建築美學的價值，最後會在企業獲利上

注重與周遭環境的和諧，捨棄模仿，走出自己的文化特色，這些努力都會提升社會的整體價值。

創造豐厚的營收。

國際化價值更高

台灣，可以生產出良好的城市硬體！

建築美學經濟不是華而不實的「花大錢作表面」，而是透過建築產業鏈的努力，為這個城市，創造國際化的競爭力。

近年來，台灣的國家競爭力仍位居世界排名第十四名左右。二〇〇八年瑞士洛桑管理學院（ＩＭＤ）評比，台灣第十三名；二〇〇八年世界經濟論壇（ＷＥＦ）排名，台灣第十四名，其中建築業的貢獻，不可忽視。總從業人口將近百萬人，年度總產值高達兆億元，無疑是提升國家競爭力之重要產業。

早期，台灣以ＩＴ產業揚名國際，無論產品性能與研發品質皆領先全球，創造出傲人的國家競爭力，讓全世界都不得不關注台灣這個小島的影響力；台灣可以生產出良好的資訊硬體，但是，這塊土地上面的「城市硬體」，又該由誰來創造呢？當然，就是台灣的建築產業。

「身為產業龍頭的建築產業，應有不落人後的決心，」黃南淵汲汲呼籲：「現在正是以國際化標準提升建築品質，積極建構台灣生活美學藍圖的時候。」

生活，是建築的中心；建築，就是生活的硬體。因此，建築美學的目標往哪裡去，就要看生活型態的變遷，往哪些新方向前進。

我們所處的新世代，正面臨著社會需求及生活型態的重大變遷，其中一些比較顯著的特點，包括高齡化、少子化、人性化、崇尚自然、獨立自主、享受優閒生活等等，講究生活美學的文化儼然成形。對台灣來說，無論是觀光產業要能夠蓬勃發展，或是我們所居住的城市要邁向真正的國際化，其中有一項不可或缺的，就是建築界的覺醒。貼近世界發展趨勢，積極主動提供優質的生活環境，讓每一個建築物件開始呈現「文化深度與品味風格」，營造出能夠讓民眾享受生活美學的建築標的。

國家競爭力評比、瑞士洛桑管理學院、世界經濟論壇　國家競爭力是一個備受重視的指標，企業界用它來決定投資計畫；執政黨用它顯示政策的成功，反對黨用它鞭策掌政者必須繃緊發條；學術界則用它來了解及分析各國如何在世界市場上競爭。因此，國際間有不少研究單位，都會進行跨國的全球競爭力評比排名，但最常被援引、最具權威性與影響力的，還是首推IMD與WEF。

IMD係「國際管理學院」（International Institute for Management Development）的縮寫，總部位於瑞士洛桑（Lausanne）；WEF係「世界經濟論壇」（World Economic Forum）的縮寫，總部位於瑞士日內瓦（Geneva）。在一九九六年之前，IMD和WEF在國家競爭力評比的工作上是互相合作的，但後來分道揚鑣，各做各的，而且極力強調自己的評比最完整、最準確。在名稱上，IMD的報告叫做「世界競爭力年報」（World Competitiveness Yearbook），WEF的叫做「環球競爭力報告」（Global Competitiveness Report）。在公布時間上，IMD搶先在每年五月推出，WEF則在十月壓軸。在工作方法上，IMD偏重統計，佔整體比重三分之二，WEF側重問卷調查，佔整體比重四分之三。在評比指標上，IMD包括「企業效能」「政府效能」「基礎建設」「經濟表現」四大項以及三二三項細部指標，WEF則包括「創新因素」「基本需求」「效率提升」三大類及一百項細部指標。在評比對象上，IMD調查的經濟體大約六十個，WEF則多達一百二十幾個。

由於雙方採用的評比指標、進行方式、評比權重都不一樣，導致排名結果通常也呈現相當大的落差。不過儘管如此，兩者的影響力卻幾乎是無分軒輊，兩家的評比受到的重視程度幾乎是一樣的。

學東京創造多贏

看看中城是怎麼創大價、賺大錢的

舉例來說，像是下一章要探討的個案，世界上最成功的都市更新案之一——東京中城，它所吸引的是全球的目光，創造的是全球的觀光、旅遊、採購等價值。也就是說，對東京這個城市來說，參與中城的建築業者，不是一個賺地段價值的業者；透過建築美學，建築業創造了地段的新價值，把這塊地的價格推上新高。當這個價值得到大家認可的時候，不管是本土公司或是外商企業，都會自然願意用高價來進駐這個地段。

因此，透過建築美學經濟，日本建築業不但為東京創造了一個更好的環境，善盡了企業公民的社會責任；同時，建築美學也把中城的地價推上歷史新高（城市價值），讓建築業者得到更大的獲利。

這不是高調，而是一種企業應有的胸襟。日本知名大型建設公司「鹿島建設」的刊物上，每年都會刊載他們董事長的講話，在二〇〇九年的元月刊上，他談論的主題是企業的社會使命。日本的建築企業家希望的不只是自己的企業好，而是社會整體都好。他提到進入M型社會，要致力讓社會不是只有極富的右邊好，而是左邊也好，整體都好。建築美學運動也是一樣，希望透過我們的努力，讓每一棟建築都能夠創造更大的價值，在大家共同的努力下，讓社會也變得更好。

岳國介 攝影

東京中城用創意和環境質感來吸引全球的目光，創造出全球的觀光、旅遊、採購等經濟價值。

所以從川普的角度看，地段是有限的，好的地段就只有那些，買完就沒有了，但是其他的地方怎麼辦呢？十分鐘走不到捷運站的地方怎麼辦呢？只能隨便蓋房子，然後便宜賣，因為反正賺不了什麼錢嗎？當然不是。如果從建築美學的角度看，每個人對住的需求都不一樣，每個人的職業、生活型態、年齡層都不盡相同，年輕的時候希望交通便利，有了小孩就要住得離學校近，老了就是靠近公園與市場最好。生活型態不一樣，對於住房的需求也會不同，但是，只有對於建築美學的渴求是跨越年齡，貫穿其中的。不管你住在什麼地段，想要有一個美好的家，心裡最希望的，還是一個可以盡情享受生活美學的空間。

一個真實的故事，在南台灣有一處新建社區，建築的高品質吸引一位華僑，讓原本一年只回國三個星期的他，因為買了一棟好房子而改變想法，願意一年在台灣多住三個月，這就是建築美學創造的城市價值。因為食衣住行而衍生的相關消費，以前一年只有三個星期發生在台灣，現在有三個月，透過一棟好房子，不但讓居民享受到更好的生活品質，也讓這位僑民從短暫停留變成長住台灣，這就是建築美學經濟的價值。

鹿島建設　全名鹿島建設株式會社，由鹿島岩吉在一八四〇年於江戶創業，是日本一家大型建設公司。總公司設址於東京都港區。與清水建設、竹中工務店、大林組、大成建設並列為日本的五大建設公司。

M型社會　原本出自日本經濟評論家大前研一《中下階層的衝擊》（ロウアーミドルの衝撃）一書。在書中，大前研一畫出一個M型圖表，以顯示日本中產階級的收入有每下愈況的趨勢，慢慢往中低階級流動，另一方面，隨著網路與數位科技的流通，有錢人更加利用優勢，擴大他們的財富與地位，貧者愈貧、富者愈富的結果，就出現了一個M型圖表。這個模型到台灣後被中譯本加以放大，並將書名改為「M型社會：中產階級消失的危機與商機」，變成了一個財經界、社會學界與媒體界的熱門話題。

岳國介 攝影

每個年齡層對住的需求不盡相同，年輕的時候希望交通便利，有了小孩就要住得離學校近，老了就是靠近公園與市場最好。

好建築永續百年

你的貢獻比總統還要大，因為總統最多兩任八年，而一棟好的建築物卻可以聳立百年

以前，營建署辦訓練營，黃南淵總會在結訓典禮的時候對工地主任說一句話：「不要低估你的工作價值，看重自己的生命價值觀，把一〇一蓋好，你的貢獻比總統還要大。」因為總統是四年一任，最多兩任八年，而一棟好的建築物卻可以聳立百年。

這樣的價值觀，除了工地主任，也值得所有的建築人自省。如果你回顧自己進入建築界的歷程，你會發現，一個蓋得不好的建案，其實是浪費你自己和別人的生命。比如說，在許多畸零地上，儘管基地小到可憐，但是業主還是堅持不與他人合併，要蓋自己的房子。例如忠孝西路中山北路口有一個建物寬度不到十公尺，卻蓋了一棟不堪使用的十二層建築，這樣的案子其實在建商這一關就應該規勸業主，放棄這個想法。

想一想，蓋一棟房子，大概前後要花三年的時間，你為何要拿自己的三年生命去蓋出一個連你自己也不滿意的房子呢？同樣的時間，為什麼不去找一個更能揮灑、更可發揮你所長的建案呢？雖然地是屬於私人的，但是市容卻是屬於大家的。如果大家都有這樣的共識，這種良性反應，會讓地主不再待價而沽，增強與旁邊整合的意願，這樣長久下來，就可以讓整體建築品質進入良性循環。

許多建築人的夢想，就是蓋出一棟可以讓孩子感覺驕傲的房子，其實，這就是追求建築美

學的感性說法。黃南淵有感而發的說：「我想，對於品質的堅持，時間會證明這種堅持值不值得。」

盡力費心一起用建築個案來提升市容品質，是大家都應該有的共識。

第九章／

遇見美學

品牌形象與設計價值是一體的兩面，其實從這個角度來看，建築本身就是一種設計。所以「建築美學，就是建築的設計價值。」如果這樣的價值可以成為全民的生活態度、生活選擇的話，它就自然形成一種競爭力。

9

岳國介 攝影

在前面的討論中，我們探討了許多「建築美學」，也論證了不少「美學經濟」，而這兩個概念如何匯流成「建築美學經濟」，這條台灣建築界未來的路？

讓我們來仔細研究日本東京的中城，這個堪稱為近十年來最完美的建築美學經濟個案。

取經

破解東京中城的建築美學經濟密碼

為什麼六本木之丘旁八百公尺的中城，只有十公頃，也就是十萬平方公尺的彈丸之地（走路約十五分鐘），卻可以在三個月內，興起一五〇萬人次的參觀人潮？其實答案很單純，

六本木之丘　位於日本東京六本木六丁目周邊，佔地一一・六公頃，是日本規模最大的都市更新計畫之一。以高二三八公尺、五十四層樓的主樓「森大廈」（Mori Tower）為中心，旁邊圍繞了八棟各式建築與庭園，人文藝術氣息濃厚，集時尚名店、五星級酒店、美食餐廳、電視台、美術館、住宅與文化藝術作品於一身。

六本木之丘基地周邊原本是東京的老商圈，一九八〇年代成為酒店林立的風化區，建築低矮、密集，連消防隊要通過也非常困難。都更計畫在一九八六年啟動，以十一年的時間與五百戶住戶協調溝通，召開上千次的會議，然後再用六年的時間施工，至二〇〇三年宣告完成，前後總共花費十七年時間，耗資四千七百億日圓，成功變身為一個以「文化都心」作為主題的多元複合都市。

除了驚人的開發作業，六本木之丘還是當今頂尖設計家們的競技場，槙文彥（負責設計朝日電視台）、KPF（君悅飯店）、理查格魯曼（Richard Gluckman，森美術館）、隈研吾（六本木之丘圖書中心）、泰倫斯康藍（Terence Conran，六本木之丘住宅區）……等知名建築家擔綱計畫區內的主建築，周邊的精品店也有青木淳（LV六本木之丘店）與妹島和世（三宅一生六本木之丘店）的作品。戶外的公共藝術則是蔡國強、吉岡德仁、日比野克彥等人揮灑的場域。而雕塑大師路易布爾喬亞（Louise Bourgeois）十公尺高的「大蜘蛛」，更是遊客無法錯過的地標。

改造後的六本木之丘不僅在幾個月內攻占從東京到海外許多重要媒體的顯著版面，更吸引了各國各界無數自詡摩登、自詡走在時代尖端的，或是對設計、藝術、建築、都市更新與美食有興趣的人競相在六本木之丘留下造訪腳印。

六本木之丘原本就是東京最夯的時尚區域，中城與新美術館出現之後，更是如虎添翼。

這就是建築美學經濟的力量。

決策機制完整、大師雲集、風格多元，但整體性無所不在

相信去過的人都會有同樣的感覺，一去那個地方，就覺得好像進到另外一個不同的世界（事實上，這就是一種成功的氛圍創造）。要呈現出一種整體性的感覺，不能各做各的做完拼湊，必須在一開始就有一個完善的整體規畫。而東京都市計畫當局怎麼進行這件事呢？

首先，他們在將基地選定在六本木之丘旁、港區防衛廳的原址後，就請了日本的創意協會加入，然後選定國際知名的ＳＯＭ建築事務所擔任總體建築設計規畫的角色，以維持空間氛圍的一致性。然後，為求設計與功能的多元化，中城匯集了日本當代建築界的一時之選，出任各棟建築物的設計者，就好像棒球經典賽的明星陣容一樣。

這個都市更新案的開發，承襲了六本木之丘的成功模式，強調四大元素「住宅、商業、文化、設計」所提供的多功能空間，由聞名國際的建築師隈研吾負責商業建築設計；日本最資深的重量級事務所「阪倉建築事務所」擔綱住宅建築設計；而以表參道ＬＶ大樓名震江湖的青木淳則主持住宅外觀設計；世界級的大師安藤忠雄與時裝設計名家三宅一生攜手設計藝術中心「21_21 Design Sight」；而匯集藝術與文化的新美術館一案，更是由當代日本建築教父黑川紀章親手操刀，這位對於東京城市有著遠大的夢想，甚至因此競選過東京市長的國寶級建築師，也把他的熱情與專業投注在萬眾矚目的「東京國立新美術館」上。

岳國介 攝影

安藤忠雄＋三宅一生兩大頂尖高手跨界合作的21_21 Design Sight成為造訪東京中城不可錯過的勝地。

SOM建築事務所　全球規模最大的建築設計事務所之一，擁有一千八百多名建築師和工程師，作品遍及美國和世界上四十多個國家。一九三六年由史基摩（Louis Skidmore）、梅里爾（John O. Merrill）二人在芝加哥合夥創業，三九年歐文斯（Nathaniel Owings）加入，並取三人姓氏之第一個字母為事務所命名。三人之中，史基摩是建築師，梅里爾是工程師，歐文斯是管理者。

SOM在高層和超高層建築設計方面的成就舉世公認。六十層的紐約大通曼哈頓銀行、五十二層的休士頓貝殼廣場大廈、一百層的芝加哥約翰漢考克大廈和一一〇層的西爾斯大廈（也在芝加哥）等，都是非常別致的超高層建築。而世界上第一座玻璃帷幕高層建築——紐約利華大樓（Lever House），也出自SOM旗下建築師邦沙夫（Gordon Bunshaft）之手。

五〇~六〇年代，SOM只有一〇%的業務在美國國外，七〇年代，來自中東等地的國外業務占二〇%。而在一九八四年至九四年這十年，作品幾乎半數在美國以外，包括九〇年代初期在中國設計的深圳世貿中心、上海浦東的金茂大廈、廣州的金融廣場等；東京中城是SOM進入廿一世紀之後在亞洲的大作之一。

SOM也是各種建築獎項的長勝軍，成立至今獲獎超過六百種，美國建築師協會首次頒發的「建築企業獎」，得獎者就是SOM。

空間氛圍的一致性　我國目前尚未採用這種決策機制，總以為交給在競圖中獲得設計權的建築師提案即可，最後卻經常由外行的主管單位自做決定。

隈研吾　日本建築師，一九五四年生於橫濱市，擅長以在地自然材料如木材、泥磚、竹子、石板、紙或玻璃等，結合水、光線與空氣，創造外表看似柔弱，卻更耐震、且讓人感覺到傳統建築的溫馨與美的「弱建築」。

「隈研吾流」的建築細膩優雅，與大自然的對話從容詳和，散發濃郁的日式和風與東方禪意。知名作品有「龜老山展望台」「水／玻璃」「威尼斯雙年展日本館」（一九九五）、「森舞台／宮城縣登米町傳統藝能傳承館」（一九九九）、「石之美術館」「馬頭町廣重美術館」（二〇〇一）、「長城腳下的公社／竹屋」（二〇〇二）、「長崎縣立美術館」（二〇〇五）、「東京中城三多利美術館」（二〇〇七）、北京瑜舍酒店（二〇〇八）等。二〇〇七年結集他自一九九五以來所寫的文章，出版批判文集《負建築》。

青木淳　日本建築師，一九五六年出生於橫濱市。「LV旗艦店的御用建築師」是他最被世人熟知的印象，不論是日本的名古屋店、東京松屋銀座店、表參道店、六本木之丘店、銀座並木通店，或是香港置地廣場店、紐約第五大道店，都由他擔綱設計。其他代表作尚有潟博物館（一九九七）、青森縣立美術館（二〇〇五）、大阪白色教堂（二〇〇六）等。青木淳重視建築物的「在地化」，不刻意強調個人的設計風格，反而喜歡先觀察當地的特色，融入當地的人文、地形、風俗、民情等特徵，再使用當地常見的材質，以好看的方式表現出來，認為「再怎麼醜的地方，都能找得到專屬的美」；在香港，他就以鐵窗為靈感，幫LV置地廣場店創造出錯落有致的視覺效果。

安藤忠雄　日本建築師。建築界最高榮譽——普利茲克獎一九九五年得主。一九四一年生於大阪，沒有經過正統訓練，卻靠自學成為全球頂尖的專業建築師。

安藤擅長以清水混凝土為主要材質，發揮他作品細膩、大器，空間動線非常精準的個人風格。一九七六年以「住吉的

岳國介 攝影

東京新美術館係由當代日本建築教父黑川紀章親手操刀。

為了讓中城具有一致的風格與多元化的特色，透過SOM的總體規畫，協調出色調、語彙、呈現何種意義。然後每位設計者掌握這樣的主題，各自進行創意和美學的發揮，再透過一個總工程師來監督整體的協調性。如果這樣的規畫也能出現在台灣，那真的會為我們帶來龐大的建築美學商機。

黃南淵對於中城的夜間照明特別印象深刻，他覺得「真的很迷人，有如進入夢境一般。」這樣如詩如畫的環境，感動了許多來到這裡的觀光客，於是就造成了磁吸現象。

長屋」一戰成名，其後陸續完成無數足可傳世的傑作，多次得到各種獎項的肯定。代表作包括水之教會（北海道，一九八八）、光之教會（大阪府茨木市，一九八九）、本福寺水御堂（兵庫縣淡路市，一九九一）、西班牙萬國博覽會日本政府館（西班牙塞維爾，一九九二）、直島當代美術館（香川縣直島町，一九九二）、大阪府立飛鳥博物館（大阪府，一九九四）、淡路夢舞台（淡路市，二〇〇〇）、4m×4m之家（兵庫縣神戶市，二〇〇一～二〇〇三）、司馬遼太郎紀念館（大阪府東大阪市，二〇〇一）、狹山池博物館（大阪府狹山市，二〇〇一）、地中美術館（直島町，二〇〇四）、表參道之丘（東京，二〇〇六）、坂上之雲博物館（愛媛縣松山市，二〇〇七）等。此外，全新設計、預定二〇一二年完工的新東京鐵塔（Sky Tree）也由安藤操刀。

安藤忠雄可說是當代日本建築師中，在台灣最具知名度的一位，經常出現在各種媒體上。他為台灣建築相關科系學生舉辦的參訪團，報名年年秒殺爆滿，在小巨蛋的演講一票難求。目前有三個案子在台灣進行，包括亞洲大學創意設計學院大樓（台中霧峰）、龍巖人本櫻花墓園（台北三芝）以及大地教會（台北澳底）等。

三宅一生　日本著名服裝設計師。一九三八年生於廣島，母親在原子彈爆炸中受傷。一九六五年，三宅在結束大學學業後遠赴巴黎，七一年在紐約與東京同時首度發表作品就大獲成功，躋身國際時裝設計名家行列。

三宅一生希望自己設計的服裝能像人體的第二層皮膚一樣舒適服貼，讓穿者不但可以從結構的束縛中解脫出來，又能夠表現獨特的體形之美。這種信念，讓他積極研發出著名的「三宅褶皺」，也成功地在東方服裝注重「留出空間」和西方重視「結構謹嚴」之間，找到和諧的解決方案，設計出一款又一款輕柔體貼的服裝。

雖然極富原創，但三宅的衣服並不排斥實用性，他的晚裝可以水洗、可以在幾小時之內晾乾、可以像泳衣一樣扭曲和摺疊，對生活節奏越來越快的現代女性來說，這些特點具有致命的誘惑力。

星光閃閃的大師陣容，讓這僅僅十公頃土地的都市更新案，造價高達三七〇〇億日圓（約台幣一〇四〇億元），進行多年的「大規模都市再生」開發。整個中城共有一三二家店鋪，開幕當天全數開始營業。主導此案的三井不動產預估光是觀光收入，一年就可以創造三百億日圓（也就是八四億新台幣）的營業額。

除了觀光收入之外，更大更穩定的收入來自企業界，由於這裡取代了六本木之丘，成為東京的新世界地標，因此許多一級商社搶著把企業總部搬進中城辦公大樓裡，包括富士Xerox、日本Yahoo!、遊戲軟體公司Konami等等，這還不包括許多在洽談中的外商公司。全球五星級旅館品牌也是競相進駐中城，並且在收費上也創下天價。例如五星級飯店名牌麗池卡登飯店，設在四十五到五十三樓，會讓入住的旅人覺得宛如飄浮在雲端，最貴的房間一晚收費二一〇萬日圓（合台幣六十萬元），去過的人說即使不住房，只是到上面走一遭，都會覺得不虛此行。

美感創造群聚，群聚推升價值

所以，建築美學經濟的效應出現：租金再貴，大家還是搶破頭要進來，讓建築美學的硬體和軟體，都在這裡人文薈萃。企業、外資、旅館、餐廳紛紛進駐之後，以貴婦領軍的多金消費者也進入享受這裡的美食、名貴服飾、世界頂尖的咖啡、冰淇淋，還有藝術、創意設計、策展的美術館、博物館，mix-use的複合式使用，所有生活的活動都可以在這裡發生。

東京中城消費非常昂貴，但希望進駐於此、消費於此的企業或消費者，還是絡繹於途。

在中城，隨處都可以找到坐下來的地方，在寸土寸金的東京市區來說是非常珍貴的。

中城處處講究設計，連溜滑梯都是設計作品，名叫「山神」。

雖然位於黃金地段，但是相較於東京傳統擁擠狹窄的地區，中城在綠地空間上做了大幅的規畫，隨處都可以找到坐下來的地方，也許是一個庭園，就可以聽見輕鬆悅耳的音樂，轉頭就看見戶外大型電視牆，一個足可放鬆休憩的地方，這樣的美學體現，在寸土寸金的東京市區來說是非常珍貴的。

回到經濟的價值來看，中城這個區域雖然已經寸土寸金，但因為擁有堅強的消費群體，加上發揮了建築的美學意境，所以這裡還會創造更高的經濟價值。舉例來說，許多國際級飯店仍然繼續爭取到這裡進駐，為求能夠創造全球話題，它們的設計一個比一個更經典，一個比一個更時尚；這就形成了建築美學經濟的良性循環。因為中城已經成功的定位自己，強調設計的次文化，所以每一個進駐的飯店，都會在設計上面下足功夫展現創意，於是，這些飯店集團帶著重金與全球最好的設計，從世界各地來幫助日本共同建設東京中城，成為亞洲最佳的設計美學中心。

當然，這些飯店的收費也會一個比一個更高，爭先恐後的刷新天價。但是從世界各地湧來的旅客仍然絡繹不絕，經濟的活水從全球各地滔滔不絕的流入日本，為建築美學經濟提供了最佳的展演。

溫馨、精緻、優雅、成長 & 生命力

正如之前在「結構」的篇章我們所討論的，建築美學是呈現出來的硬體，但是真的能讓中

岳國介 攝影

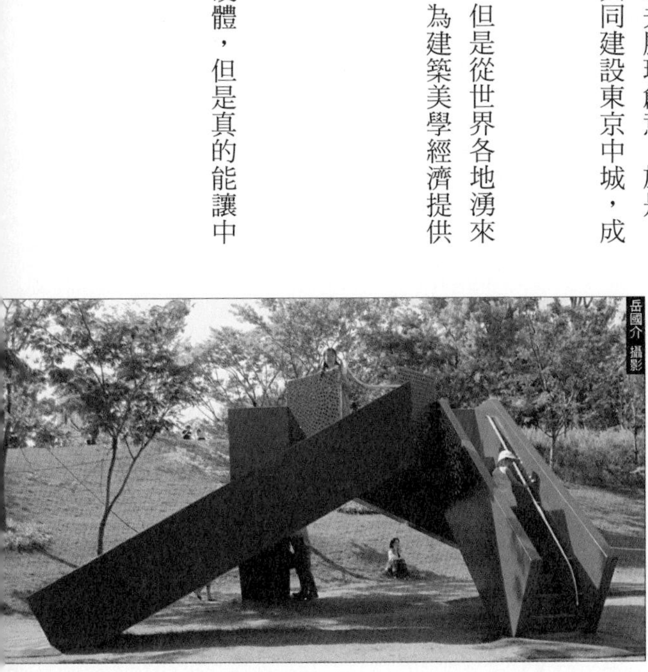

岳國介 攝影

城呈現出如此迷人的魅力，是跟日本內涵裡的美學文化，以及近廿年來對於生活美學的全民認知與群體追求有關。

「溫馨、精緻、優雅、成長與生命力，是我想到建築美學的代表性用字，」黃南淵分析：「你也可以發現，日本的生活風格也很著重這樣的基調。」在建築上體現，優雅的空間與外觀，是來自於日本強調「素樸和諧」的美學精神，透過 SONY、無印良品、Uniqlo、植村秀、安藤忠雄的全球行銷，成為日本設計美學的主軸。

有一個學者對於日本設計文化的描述非常精準，他認為日本設計文化是「簡單中的不簡單，源自於細細品味生活與常民美學的潛移默化所形成的一種文化」。

台灣近年來也意識到設計的力量，也努力追求設計美學的附加價值，但是，一個好的設計不是浮面的「包裝設計」或是「外型設計」，而是內在美學精神的一種體現。那麼，我們自己的「美學文化」是什麼呢？常民喜歡的美學是什麼呢？找到那個價值，就找到設計的真價值，也就找到與眾不同的設計能量。

品牌的形象與設計的價值是一體的兩面，其實從這個角度來看，建築的本身就是一種設計。所以「建築美學，就是建築的設計價值。」如果這樣的價值可以成為全民的生活態度、生活選擇的話，它就自然形成一種競爭力。因為一種國家民族的共同生活態度，就是文化，就是設計力的內涵，也就會自然形成一個經濟力。芬蘭第一大企業 Nokia 就是一個很好的

岳國介 攝影

台灣近年大大意識到設計的力量，也極力追求設計美學的附加價值。

例子，雖然它最主要的產品是行動電話，但是每一個產品裡面所蘊含的品質、人性化、方便使用、溫馨與精緻，這樣的品牌文化，從近年來我們對北歐設計哲學的了解來看，其實基底蘊含的精神是如出一轍的。

從「輕薄短小」進化到「創遊美人」

但是東京中城獨特之處，彷彿用過去的日本設計精神還無法全然訴盡，裡面似乎隱含著一些新的元素在跳動，這就是黃南淵在全球的都市再生案中，給予中城最高評價的原因。這個原因就是，中城呈現的不是傳統的日本美學，而是當代日本的全球設計優勢。

傳統的日本美學，強調的是「輕薄短小」，而現在，強調的是「創遊美人」。這四個元素分別是創造性、遊戲性、美感與人性化。你從這四個角度去看中城，就可以看出他們的脈絡與企圖。

生活美學首重「創造性」，這是一種知性與知識的累積；「遊戲性」帶來樂趣與愉快，無論做什麼事情都要 have fun；「美感」就是透過視覺與感覺以及使用上的舒適，去體驗真實的美感；第四是人性化，從你的角度出發，要如何使用才會讓你最輕鬆。加入這四個元素的新設計美學，會讓建築或商品呈現出一種新鮮、有趣、感性的氣氛，從過去只強調簡約便利、速度感，到現在有更多的創意、遊戲的故事性（例如讓你懷念的、有故事的商品），不但美感獨具而且使用友善，這就變成消費者的愉悅體驗。

岳國介 攝影

「**遊戲性**」是日本人近年來的美學新標榜。這街角的丘比特，不知一天可以射中幾對戀人的心？

零距離、好親近的美學品味

生活美學不只是被動式的、靜態的空間享受，而是更有知性的、有創造性的、有樂趣的。有些時候，太過強調品味反而造成一種距離感，就好像富麗堂皇一絲不苟的樣品屋，反而跟人之間產生了距離感。所以，富有情趣的空間才是最重要的，如果很有品味，但是卻與生活情趣絕緣，那樣的設計嚴格來說，就是忽略了人性化的基本精神。所以在中城的建築語彙上面，你可以看到令人懷念的、充滿樂趣的、渴望感受到新鮮的氣氛等等，這個地方就會讓你覺得生活得很快樂。能夠營造出這樣的生活美學氛圍，就是建築美學的成功施作。

在蒼井夏樹的一篇文章〈街道閱讀法〉裡面，黃南淵找到如下的一段文字，可以用來詮釋日本人在營造建築美學方面是如何的注重細節：

東京迷人的城市風景，在於以藝術的元素，為東京街頭每一件細微的公共家具，設計無法複製的獨特美學。即使是巷弄的人行道及鋪面的欣賞，也以紋理、質感及收邊等細微表現，讓行人在東京散步沒有太多阻礙與緊張，足下仍有美麗的景色可以觀賞。東京的街道家具，以其多變的造型、豐富的視覺符號，將平凡無奇的細部設施，視為「建築的延伸」，藝術化的公共空間，不僅可以潛移默化社區居民的公民美學及文化素養，更讓城市空間藝術有全新的表演舞台。設計在東京街頭隨處可見，從新橋出發的百合海鷗號（ゆりかもめ），車站本身就是一個美麗的公共空間。乘客候車亭的落地玻璃窗上，精緻的日本紋樣設計，讓等待電車時間變得有趣，也讓許多慕名前來的外國旅客認識日本文化。

岳國介 攝影

六本木一帶名家精心設計的街道家具，把整條街區都藝術化了。

檢視
為台灣的建築美學經濟探尋出路

回到台灣，「我們所能做的第一步，」黃南淵認為：「就是要先揚棄『速食文化』的想法。」

別讓「不良物件」繼續產生

無可避免的，因為龐大的資金壓力，所以建商蓋房子難免要求快，但是，如果為了求快而放棄了對於品質的堅持，那麼多蓋出一棟房子，也只是多了一棟日本人所謂的「不良物件」而已，這個不良物件至少會存在五十年，如果城市裡都是不良物件，那麼根本就不要提什麼人文資產、什麼建築美學經濟了。

因此，建築美學經濟的第一步，就是先杜絕不良物件的繼續產生，而後追求施工方面的精緻度。在工法精緻的要求度上，台灣已經有一些具有理想的建設公司把品質放在速度之前。「御盟建設的建案『御花園』，在高雄科學工藝博物館正對面，」黃南淵舉例說：「那個建案在施工的時候，只要看牆歪了一點，就把它整個打掉，重新再來。」這表示台灣建商

街道家具　泛指在公共空間上為交通安全、公共安全或公眾生活的便利性而設置的設備或物件，這些物件最常設置在街道上，譬如交通號誌、道路標誌、公車站、休憩座椅、垃圾桶、街燈、公共電話亭、公共廁所、消防栓、警察崗亭、紀念碑、噴泉、廣告看板、行道樹等，就是相當常見的街道家具。不過，街道家具的應用並不一定限於都市地區，也不限於街道，在鄉村或偏遠地區，在廣場、公園綠地或遊憩區等公共空間也時常可見。

也有對於高品質的理想。

營造「主客相望」人文深度

御花園透過與人行道的高度落差，巧妙的讓住戶在自己的庭院裡，一眼望出去看不到中間的馬路，而直接看到科工館的大片綠地。不使用高大的圍牆，透過地面的高低落差，保護了住戶的私密性，但是又同時兼顧了視野的開放性。令黃南淵印象深刻的，除了施工精緻度的要求之外，還包括這個建案「主客相望」的設計主軸，讓科工館的千坪空地與御花園的私人庭院，產生了互為主體的相互對望。

這種「相望」的設計概念，也被使用在德國歷史博物館新館的設計上面，這個館的立面採取弧度的黑色鋼材與玻璃，做成好像是膠卷一格一格的感覺，從外面來看，進入館內參觀的人好像一格一格會動的照片；而對在博物館裡面的人來說，當他們望向博物館的玻璃時，首先映入眼簾的是館內的收藏，一格一格的，彷彿可以看見收藏品裡面訴說的歷史，穿透了倒映的影像，往外看又瞧見外面的街道與行人，這是一種歷史與現在「相望」的感受。

走出博物館後，回頭再看一眼，從遠處看這個博物館，會看見博物館的弧形玻璃外牆反照出對面的建築、人與生活，與博物館裡的參觀者相融在一起，這是層次更高的一種「主客相望」，會讓人看見歷史與現代的相望，對於自己到底是主是客，會有更深的一種探索，這樣的哲學，就是這個建築師希望傳達給每一個參觀者的意念。當然，這種意義的賦予，以及能夠以建材的特質來表現，展現了建築美學的人文深度。

發揮「群聚效應」良性循環

由於建築美學可以創造很大的經濟價值，所以在許多人的印象中，就很容易被簡化成「建築美學＝億元豪宅」的邏輯。其實，從德國歷史博物館的例子，就可以看見建築美學的人文深度，是這樣的一種深度創造了經濟價值，而不是工程造價。所以，從另一個角度來看，如果不具備建築美學的內涵，只是在設計裝潢上凸顯奢華，那麼豪宅也不見得就是好宅。豪宅的價格或許高不可攀，但是好宅的價值會歷久彌新。

如果發揮像中城一樣的群聚效應，把一些有理想性的建案聚集在一起，讓一些好的住宅聚落形成，成為社區，再擴大一點，就能夠成為城市美學的一部分。當然，從經濟的角度來看，

德國歷史博物館 Deutsches Historisches Museum，DHM，一九八七年，柏林建城七五〇周年，當時的德國總理科爾（Helmut Kohl）和柏林市長迪普根（Eberhard Diepgen）共同發起，利用柏林軍械庫的老建築，籌建這座以歷史為主題的博物館。

一九九五年，柯爾委託華裔建築名家貝聿銘在博物館後方擴建新館，這是貝氏在德國的第一件作品，也是他在羅浮宮金字塔外的另一件傑作。基地位置甚為隱蔽，東側是老舊房舍，另三邊皆為狹窄巷弄。貝聿銘正在傷腦筋究竟是要維持原有的低調還是要從隱密之中開放出來時，正巧在接案那一年的冬天某夜，他從博物館附近的一場音樂會出來，看到這一帶既幽暗又無人影，既稀微又不安全，當下就決定新館必須是透明的，而且晝夜通明。

擴建工程在二〇〇四年竣工，二〇〇六年正式對外開放。建築物分為兩大部分，一為以石材覆蓋的不透明實體，內部為展覽空間，共有四層。另一為以玻璃包裹的透明虛體，內部是挑高三層的大廳，寬敞明亮、充滿動感，遊客在樓梯、電扶梯、天橋、走廊、平台之間穿梭，一旁還有大片弧面玻璃將舊館的十八世紀巴洛克風格建築牆面引進，讓歷史與當下有了美麗的相望。

建築美學經濟，就創造了城市的國際競爭力。以台灣現在面臨的國際現勢來看，如果我們有了好的住宅、好的辦公地點、好的生活機能，發揮像中城一樣的良性循環，對於國際人士來說，當台灣的建築美學發展到讓他想來住在台灣的時候，城市的國際競爭力就出現了。現在許多國際人士，特別是從事設計行業的，想來亞洲，都會在東京落腳。設身處地的想，如果你是外國人，有哪個台灣的地段或是社區像中城一樣，會讓你好想來台灣工作或居住嗎？讓國際人士看到台灣的中城，就是黃南淵推動建築美學經濟最重要的使命。

對策

「建築美學經濟」正是一套為台灣建築創立新價值的策略

從二〇〇八年開始，黃南淵開始全力推動建築美學經濟計畫，希望形成台灣下一波的建築競爭力。其中的動力，當然就是建築美學經濟。而美學的共識是一種文化的素養，並不是可以一蹴可幾，仍需諸多配套措施，才能全面啟動。這些努力的方向包括：建立政府與民間都有共識的新政，以建築美學經濟做為台灣未來的發展策略。像是綠色科技，大家都知道這是很大的商機，但是跟城市要怎麼產生關係？芝加哥就是一個好例子，芝加哥市政府全力推動綠建築，節能減碳，很務實的進行抗暖化革命。市長的政策，就是要讓芝加哥成為城市綠洲，這就是很有遠見的市政政策。而東京的下一步，也準備開始採取這樣的取向。

建築美學裡面有一個關鍵指標，就是環保，所以高雄的世運會主場館不僅安裝了全球最大單體面積的太陽能板，也考慮到自然通風的孔道設計。這是一個很好的開始，但是一兩棟

高雄世運會主場館屋頂的大型太陽能板單體構造。

節能減碳的大型建案之後，下一步該做什麼？芝加哥的動向，就很值得我們的都市規畫者參考。

從建築美學到城市美學，美學經濟會帶來城市的競爭力，一個城市要有國際競爭力，就是世界各國人人都想要來、都喜歡來，而要怎麼做才能達到這個目標？建築美學經濟的落實是刻不容緩的目標。將來要有效的透過各種方法，包括論壇、導覽、教育、大師開講、國際交流等等方式，來提升對於全民的共識。直到我們的價值觀提升，對美學的鑑賞能力也跟上來，才能在整體文化裡生根。

生活的習慣就是文化，精緻的文化，需要精緻的生活來達成。因此黃南淵在營建署的時候就主張，未來的時代是美學經濟的時代，也是城市競爭的時代。城市的競爭優勢，是由生活品質與文化水準創造出來的。怎麼讓台灣成為一個更加人性化、國際化、永續化的國際大城？他深信建築美學經濟的推動，必有助於達成這個時代目標。這也正是大前研一給台灣的建言：台灣要成為一個「生活的大國」，擺脫只是「工業大國」的思維，才能在台灣與國際之間，找到最好的定位。

黃南淵在一篇講稿裡寫著他的理想願景：

從生活美學到建築美學，從建築美學到城市美學，國格於焉產生。

建築美學經濟，這是一套為台灣建築創立新價值的策略。

林芳怡 攝影

第十章／體現美好

10

「知識，就是用心過的經驗。」如果沒有用心，再多的經歷也只是經驗，只有自己用心思考過的，才會成為know-how（技術），才會成為知識。

岳國介 攝影

如果要用最精簡的方法來說，美的極致是什麼？建築美學的極致是什麼？黃南淵從一路走來的思考，提出了這個形容詞：「優雅」。

一句極致形容——優雅

生活美學的極致，是行為的優雅；建築美學的極致，是空間的優雅

優雅一詞涵蓋廣泛，在建築上的體現應該是什麼呢？黃南淵的定義是，「在建築物的內部，優雅意指洋溢人文精神之溫馨、細膩、精緻之格局；在外部，則應該展現出其質樸、乾淨、和諧，與環境共生、形隨境生的整體美感」。

優雅是一種使用的舒適，是一種文化的呈現。優雅包含了一種更深的含意，真正的美學不是只有外在的美，而是能夠在生活需要中創造愉悅情緒。也就是說，不是建築本身的設計能夠達到多高的藝術層次，而是透過建築裡面關於機能的設計，溫馨與有彈性的格局，為使用者創造生活美學的價值。簡而言之，建築美學不是只要求建築物看起來有整體的美感，更要透過建築的機能，讓人的生活更加美好。

因此，我們才會說，生活美學是建築美學的內涵，建築美學是生活美學外顯的硬體。不只是看起來美觀，而且用起來也舒服；透過機能讓使用者享受生活，就是一種生活美學。

當然，這樣的標準說來容易，但是該怎麼做才能找到正確的方向，這就必須經由思考、體驗，

才能對這個問題有所了解、展開追尋，這就是建築美學經濟計畫在此時推動的目的。

黃南淵始終記得在成大建築系的時候，一句引起他心中迴響極深的話。老師說：「知識，就是用心過的經驗。」如果沒有用心，再多的經歷也只是經驗；只有自己用心思考過的，才會成為know-how（技術），才會成為知識。因此，建築的用心不應只是在比例與工法，還應該產生對於生活機能深切思考的知識，以及如何滿足生活機能的know-how。

因為如此，建築美學不是墨守成規、一成不變的。因為與生活型態息息相關，所以與時代價值觀有關，也就是說，建築美學是不斷演繹，並且不斷進展的。

所以，如果建築美學是有意義的「形」，那麼「形而上」的內涵，那個上位的美學，就是生活的美學。就好像一個茶杯的美好不在於外面的釉彩燒得美麗與否，而在於是否能讓喝茶的人產生愉悅感受。

那麼，生活美學又是什麼？什麼樣的定義能夠來描述生活與美的關係？

從建築美學的角度出發，由外而內看生活美學，黃南淵歸納出以下四個不同領域的觀點，可以提供我們進一步思考的線索：

岳國介 攝影

對建築來說，外部的「優雅」展現在質樸、乾淨、與環境共生等美感上。

第一，生活美學是一種生活的態度，享受生活美學，則是一種人生的昇華。具體一點來說，知道如何欣賞美的事物，並且達到一種心靈上的享受，能夠體會「融入其境」的樂趣，就是活化了美學體驗的生活。

第二，關心環境，能與自然對話。

第三，具有對於生活的品味，能夠在生活中享受溫馨與和諧之美。

第四，對於精緻完美、歷久彌新的人文之美（建築之美）有欣賞的能力。

舉一個例子，現在流行一種慢活的旅遊方式叫做「居遊」，通常發生在歐洲的鄉間，居遊與旅遊的不同之處，就是強調旅行不再走馬看花，而是花上一段長時間住在一個像普羅旺斯那樣的鄉下，不只是品嘗當地的香料與葡萄酒，而是自己下廚烹調出南法的料理，融入其境的享受山城水濱的陽光與向日葵，漫步在法國鄉間的慵懶步調，也在文藝復興的歷史建築中詠嘆，這樣「融入其境」的旅行體驗，就是對於生活美學一種很好的詮釋。

而生活美學，是怎麼被創造出來的呢？這就要提到建築美學與生活美學兩者之間密不可分的關係。建築美學的極致，是創造優雅，具有美感的生活空間，人生活在其中的時候，幸福感就會自然而生。

建築美學的極致，簡單來說，就是一棟優雅的建築；而生活美學的極致，就是生活中達到的優雅境界。對人來說，是行為的優雅；對建築物來說，是空間的優雅。一樣的精緻，相

用慵懶的步調，到一個像普羅旺斯這樣的鄉下「居遊」，細細品嘗生活中的溫馨與和諧之美，絕對比走馬看花優雅。

同的簡約，歷久彌新的「elegant」。

一套評鑑體系——好宅

營造更人性化、更優雅、更健康、更有生命力的生活空間與環境

要提升台灣的建築水準，需要的是全國上下，特別是建築產業上下游的從業者，都能夠普遍的對於建築文化的內涵產生共識，才能形塑建築美學更好的意境。這代表的是，我們關注的焦點不應該仍停留在地段、規模、天花板高度、豪華設備、仿古建築經典，或是飯店式管理的「豪宅」；更需要我們重視的，應該是具有現代人文精神（人性尊嚴、和諧、生動而有生命力），落實享受生活美學、健康生活的環境，以及可以發揮利用自然力與文化特色等新價值觀設計理念的「好宅」。

好宅應該能符合時代精神與價值觀，並能夠因應生活型態的變化與需求，追求「真善美」的新境界，探尋真善美所代表的現代意涵及其對建築價值的提升所具有的意義。這包括更人性化（安心、無障礙、有彈性）、更優雅（素樸、精緻、和諧）、更健康（明亮、通風、視野舒暢、健康材質）、更有生命力（自然與生機、喜悅與感動）的生活空間與環境，並能彰顯在地精神與文化特色，讓台灣的新建築展現現代語言所稱之人文、科技、藝術、自然力等價值的新能量，產生永續的價值。

岳國介 攝影

因此，黃南淵所倡導的建築美學經濟計畫，就是希望提出一種新的觀點，在新的建築價值觀、建築美學意義的論述、生活美學意義的詮釋等方面，做為今後台灣建築發展方向的主軸。為了落實建築美學經濟的理念，以下將列舉出「建築美學經濟計畫評鑑體系」的十項指標，來陳述如何透過這十項指標的落實建築美學經濟的價值。

建築美學經濟計畫評鑑體系

項次	指標項目	評估項目	評估基準	評估意義與說明	權評	得分
一	機能與 秩序品質	機能效率	機能合理性	空間組織關係合理分配、空間動線方向與可及性之導引功能設計。 使用機能、結構機能、設備機能之整合與經濟性。	10	□ A^{+}：90 分 □ A ：85 分 □ B ：80 分 □ C ：75 分 □ D ：70 分 □ E ：65 分
			與時俱進	因應永續生命周期，具有空間多元融合性及變更可塑性擴展與彈性使用功能。		
		秩序格局	主從空間區分排列有序	空間使用功能之主從關係力求分明，主要空間自明性清晰，服務空間機能規畫完整，能避免設置破壞性增設空間。		
二	物理環境與 健康品質	方位／計畫	配置計畫	方位配置與調整之合理性，主進口方位坐向合理性與便利性，因應周遭環境合理調整方位。	10	□ A^{+}：90 分 □ A ：85 分 □ B ：80 分 □ C ：75 分 □ D ：70 分 □ E ：65 分
		採光通風 隔熱遮陽	採光遮陽	善用自然光，北向光及天窗利用設計，阻擋東西向、南向太陽能量及蔽蔭降溫設計。		
			通風換氣	增強自然通風換氣方面，開口部合理等價開窗率及有效引導通風路徑計畫。換氣方面，可開啟換氣之開口設計，具可調節風量之換氣。		
		室內品質	室內環境 品質（IEQ）	室內裝修材料品質及空氣品質均符合衛生健康標準。		
三	設施與 設備品質	安全效率	建築保全	檢討室內外建築保全與防災安全之立即反應度，防盜影音監視門禁系統，提供婦女兒童與人身安全防護之保全。	10	□ A^{+}：90 分 □ A ：85 分 □ B ：80 分 □ C ：75 分 □ D ：70 分 □ E ：65 分
			防災避難 安全規畫及 防火標章	警報通報系統之常時維護及緊急防災應變保護系統，具有建築物防災計畫書並確實執行及健全導引避難之指示系統，檢視是否獲得防火標章。		
		智慧化程度	基盤布建與 系統整合	綜合布線方面，留設垂直布線管道間及水平布線網絡系統，人機介面方面，設有遠端監控或各戶監控介面及中央監控主機監控介面。		
			智慧建築 標章	判別建物內外之設備互動反應之智慧控制，檢視通過智慧建築標章四項指標以上之智慧等級。		

項次	指標項目	評估項目	評估基準	評估意義與說明	權評	得分
		維護更新	設施管理	具設施管理維護機能及可易性，以維持設備之最佳化。綜合性設施與資訊管理體系及設備故障檢點與維修體系、管理人員訓練完整、維護容易度佳。		
			設備更新	延長建築物之生命周期，設備劣化檢驗與更新之容易度，更新費用基金之累積運用績效。		
四	施工與 恆久性品質	精緻度	整體質感與 藝術創作	細膩美感品質展現，建材與搭配之美質呈現，節點構法之合理性與精緻度之呈現。	10	□ A^{+}：90 分 □ A ：85 分 □ B ：80 分 □ C ：75 分 □ D ：70 分 □ E ：65 分
		耐久性能 設計	耐久保固 性能	材質與工法為歷久彌堅之構造，並具耐久、耐磨性能。善用耐環境衝擊折損之構材，建築構造體與部材施做之長效性能。		
			氣密性	風雨氣密性高之性能質感，具氣密性性能設計。		
		維護管理	管理制度	提供建築物維護管理機能所需之執行制度，管理委員會組織之運作正常，管理保全體制、物業管理記錄資料健全。提供社區使用者共同參與以增進社區認同之活動及場域之規畫。		
五	色彩與 照明品質	色彩計畫	色彩計畫之 豐富性	日夜有別之材質色彩表情風貌之呈現，亞熱帶陽光變化之利用，呈現多彩多姿材質樣態。	8	□ A^{+}：90 分 □ A ：85 分 □ B ：80 分 □ C ：75 分 □ D ：70 分 □ E ：65 分
		夜間照明	夜間照明 景觀	夜間照明與光影魅力之豐富性及創意性設計。		
六	景觀空間 品質	基地綠環境 景觀	綠美化景觀	與自然環境融合之綠意。	12	□ A^{+}：90 分 □ A ：85 分 □ B ：80 分 □ C ：75 分 □ D ：70 分 □ E ：65 分
		都市街道 景觀	都市紋理	與都市街道景觀之延續與和諧，體現都市街道質感並融入建築空間內部，具文化延續意象之塑造。		
		和諧城市 天際線	生動美感 品質	提供都市具豐富表情之整體美質，創造與相鄰建築物之和諧生動空間品質。		
			空間比例	空間尺度比例優雅，棟距適當配置錯落有緻，減低空間壓迫感。		

項次	指標項目	評估項目	評估基準	評估意義與說明	權評	得分
七	生活美學 環境品質	人性化 溫馨優雅 氛圍布局	高親和性之 空間及 活動場域	親切友善之空間規畫，提升享受生活美學之內涵與舒適感。具有親和性尺度之優雅空間及藝術創作，社區聚會活動之室內外空間廣場，具自然、慢活、閒適空間特質。	12	□ A^+：90 分 □ A ：85 分 □ B ：80 分 □ C ：75 分 □ D ：70 分 □ E ：65 分
		與自然對話	親環境	將自然生態元素融入基地環境規畫，享受四季變化之喜悅。		
		通用設計	人體工學與 無障礙空間	隔間彈性設計，全齡化安排自主性空間與動線，人體尺度之設施設計控制，並設置全齡化輔助導引器具。		
		開放與隱私	視覺可及性	室內外空間之視覺明視度與視覺隱匿性之巧妙安排。		
八	地域文化 風格品質	在地文化	亞熱帶本土 傳統文化意象	展現場所精神，回應當地人文地貌風采特色。	8	□ A^+：90 分 □ A ：85 分 □ B ：80 分 □ C ：75 分 □ D ：70 分 □ E ：65 分
		獨創風格	設計風格與 自明性	展現建築物獨特卓然而成之意象，建築物之自明性高、辨識容易，或具有國際化的功能性品味，或曾獲國際性評比獎項或榮耀。		
九	環境永續 品質	友善環境	環境友善性 敷地計畫	對自然環境之友善性規畫與破壞性行為之避免，尊重原地貌及自然資源與環境共生之敷地計畫。	8	□ A^+：90 分 □ A ：85 分 □ B ：80 分 □ C ：75 分 □ D ：70 分 □ E ：65 分
		綠建築設計	分級評估	申請綠建築標章獲得通過。依獲得鑽石級、黃金級、銀級、銅級、合格級綠建築標章分別判定綠建築等級。		
		綠建材	綠建材	室內裝修材料品質及空氣品質均符合衛生健康標準，避免產生大樓症候群與揮發性逸散氣體 (VOCs) 的疑慮。建築物構材採用綠建材之比例應合乎規定，綠建材施作比例依施作程度達 30%以上。		
十	適意美質 品質	感性 創意品質	喜樂滿懷	具有喜悅、趣味、驚豔、感動人心之創意品質。	12	□ A^+：90 分 □ A ：85 分 □ B ：80 分 □ C ：75 分 □ D ：70 分 □ E ：65 分
		生命力 創意品質	生生不息	具有成長、生機、自然之生命力創意品質。		
合格等級	□高 90		□中 89~80	□低 79~70	□不合格 69 以下	

後記／

《建築美學的春天》出版的出發點

遠在二五〇〇年前，希臘人發揮人類最高智慧，建造當時世界上最完美的巴特農神殿。但在廿一世紀的今日，台灣的建築卻還處於多樣化建築風格時期，尚未形成建築文化的發展主軸，雖然已見建築界展開創意，以「創造優質生活環境」為發展信念，也有許多具有現代感簡約風格的創意作品面世，惟仍存在著仿古文化普遍、輕忽健康環境及空間品質之維護等現象，和諧度與精緻度均有不足，都市景觀亦顯得雜亂無章。

看到許多人在狹窄的街道、高密度、採光通風均不良的環境下生活，對以身為建築人為傲的我而言，心理上實有頗多感慨與不解——這不是與「建築的意義是在建構一種生活的價值、生活的態度」其意相違嗎？

在歐美，政府與民間都非常重視建築及其所代表的意義，因而成就其令人稱羨的建築文化。在我國，從政府的組織到決策機制、從建築許可到獎勵機制、從施政方針（包括預算）到如何提升建築水準品質之努力等等，政府與人民在每一個重要環節上，卻都未見對提升建築品質之「高度要求」，對環境價值觀的共識亦不足，更是問題關鍵的所在。

在服務公職四十餘年間，個人曾全心在都市計畫、建築法令、營建政策之制定等方面，盡了一些努力，知道只有在社會全體形成共同價值觀下，才有可能形成推動社會進步思維的新文化。近十年來，我們的生活型態在改變，開始追求崇尚自然、獨立自主與優閒生活的生活美學、講求美感與品質的美學經濟，這股趨勢，促使我鼓起勇氣與熱情，主張以「建築美學經濟」做為我國建築未來發展之主軸，以提高建築美學的新價值。在二〇〇八年接任不動產協進會理事長之後，即在〈給不動產業界會員先進的一封信〉文中，強調「建築的最大能量，應屬與時代價值契合、能展現真善美現代意涵的建築美學」。

在播種伊始之際，以口述方式，並由台灣建築美學文化經濟協會、台灣文創發展基金會與遠流出版公司共同協助完成撰文、整編、出版，就是為了闡釋我的基本思維，期盼當春天來臨時，我們的建築美學能夠長出新綠、吐露芬芳，綻放新生的能量，讓全世界看到台灣優美的建築美學文化。如或可期，則幸甚矣！

aace
建築美學文化經濟叢書 001

建築美學的春天
一個城市設計家 50 年的實踐與追求

策劃／台灣建築美學文化經濟協會
口述／黃南淵
初稿整編／黃齡儀、袁興國

文創加值／台灣文創發展基金會
專案主編／鄭林鐘
美術設計／葉滄焜
校對／陳錦輝、黃南淵

製作協力／遠流台灣館

發行人／王榮文
出版發行／遠流出版事業股份有限公司
地址：台北市 100 南昌路二段 81 號 6 樓
電話：（02）2392-6899
傳真：（02）2392-6658
郵政劃撥：0189456-1

著作權顧問／蕭雄淋律師
法律顧問／董安丹律師
輸出印刷／中原造像股份有限公司

2011 年 3 月 1 日初版一刷
2011 年 3 月 25 日初版二刷
行政院新聞局局版臺業字第 1295 號
定價 380 元

若有缺頁破損，敬請寄回更換
有著作權・侵害必究

Printed in Taiwan
ISBN 978-957-32-6745-4

YLib.com 遠流博識網
http://www.ylib.com E-mail: ylib@ylib.com

國家圖書館出版品預行編目資料

建築美學的春天：一個城市設計家 50 年的實踐與追求 / 黃南淵口述；台灣建築美學文化經濟協會整編．撰文．-- 初版．-- 台北市：遠流，2011．03
面；　公分．--（建築美學文化經濟叢書；1）
ISBN 978-957-32-6745-4（平裝）

1．營建管理 2．營建法規 3．都市計畫 4．口述歷史

441.529　　100000314